JN429633

R 비즈니스 데이터 분석과 텍스트마이닝

박창목 지음

한나래 아카데미

R 비즈니스 데이터 분석과 텍스트마이닝

2021년 3월 8일 1판 1쇄 박음
2021년 3월 15일 1판 1쇄 펴냄

지은이 | 박창목
펴낸이 | 한기철

펴낸곳 | 한나래출판사
등록 | 1991. 2. 25. 제22-80호
주소 | 서울시 마포구 토정로 222, 한국출판콘텐츠센터 309호
전화 | 02) 738-5637 · 팩스 | 02) 363-5637 · e-mail | hannarae91@naver.com
www.hannarae.net

ⓒ 2021 박창목
ISBN 978-89-5566-246-7 93310

* 불법 복사는 지적 재산을 훔치는 범죄 행위입니다. 이 책의 무단 전재 또는 복제 행위는 저작권법에 따라 5년 이하의 징역 또는 5000만 원 이하의 벌금에 처하거나 이를 병과할 수 있습니다.

머리말

비즈니스 데이터 분석은 기업 성과를 분석해서 향후 비즈니스 운영계획을 만들어가는 방법론이다. 최근에는 데이터 과학, 빅데이터 분석이라는 용어를 사용하여 기업뿐만 아니라 대중의 정보를 분석하여 비즈니스 설계 및 운영계획을 생성하는 방법으로 발전하고 있다. R 소프트웨어는 이러한 데이터 분석에 특화된 도구로 최근 많은 사용자층을 확보하고 있다. 이 책은 R 소프트웨어에서 사용하는 프로그래밍 언어의 기초 문법부터 다양한 분석기법 및 실제 사례를 다루어 기업 데이터 분석 담당자와 관련 연구자들에게 좋은 길잡이가 될 것이라 기대한다.

데이터 분석에는 시각화, 통계, 머신러닝 방법론이 사용된다. 이 중 머신러닝은 특히 복잡한 수학모형을 사용하여서 비전공자들이 쉽게 활용하기가 어렵다. 그러나 본서에서는 모형의 특성과 입력 데이터 형식, 분석 결과를 해석하는 방법을 일목요연하게 제시하고 있기 때문에 독자들이 비교적 빠르게 머신러닝을 활용할 수 있도록 이끌어줄 것이다. 아울러 본서에서는 기업에 매우 가치 있는 통찰력을 제시해줄 수 있는 텍스트마이닝에 필요한 핵심적인 처리방법도 제공하고 있다.

프로그래밍 경험이 없이 처음 데이터 분석을 시작하려는 독자들도 이 책의 내용을 차근차근 따라 하다 보면 데이터 분석에 흥미를 느끼고 입문할 수 있으리라 기대한다. 다만 R의 함수가 직관적이지 않기 때문에 처음 접하는 독자들은 조금 어렵다고 느낄 수도 있을 것이다. 일반적으로 어떤 새로운 도구를 배울 때 차근차근 원리를 학습하는 것이 필요하지만, 처음부터 끝까지 이러한 방법을 고수하는 것은 요즘같이 변화가 빠른 환경에서는 비효율적인 방법일 수 있다. R에 익숙하지 않은 독자라 하여 각 함수의 사용법부터 꼼꼼히 공부하기보다는, 필수적인 입력사항과 결과해석법을 빠르게 익혀서 활용하는 것이 요즘 시대에 적합할 수 있다.

비즈니스 데이터 분석 분야는 단순한 데이터 처리와 분석만이 전부가 아니다. 도메인 지식을 찾아 배우고, 왜 이런 데이터가 관측되었고 분석 결과가 왜 이렇게 나왔는지를 실제 현장과 연결하여 심사숙고하는 종합적인 접근방법이 필요하다. 그러므로 수학적인 지식뿐 아니라 산업공학, 경영학, 심리학, 인문학적 소양도 필요하다. 모쪼록 다양한 분야의 독자들이 본 저서를 활용하여 데이터 분석에 대한 지식을 습득하고 업무에 활용하는 데 보탬이 되길 바란다.

마지막으로 출간에 도움을 주신 한나래출판사 임직원분들께 감사의 말씀을 전한다. 또한 집필 활동을 응원해준 사랑하는 아내와 아들 진우에게도 고마움을 전하고 싶다.

2021년 2월

박창목

차례

4장 통계분석

5장 선형회귀분석

6장 분류분석

7장 군집분석

8장 연관분석

9장 텍스트마이닝

1장

R언어 개요

1 R언어 특징
2 RStudio 개발 환경
3 R 명령문의 기능

1 R언어 특징

인간이 컴퓨터를 사용하는 방법 중 가장 기초적인 방법은 모니터, 키보드와 마우스를 조작하여 특정 소프트웨어를 동작하는 것이다. 이보다 좀 더 진보된 방법은 컴퓨터 언어를 사용하여 컴퓨터에 작업 순서를 직접 명령하고 본인이 설계한 계산절차가 실행되도록 하는 것인데, 이러한 방법을 컴퓨터프로그래밍(computer programming)이라고 한다. 컴퓨터 프로그래밍 작업에서 '컴퓨터 언어'는 인간과 컴퓨터가 의사소통할 수 있도록 단어와 문법체계를 제공한다. 컴퓨터를 응용하는 영역과 수준에 따라 다양한 언어들이 존재하는데, 그중 R은 데이터 분석에 특화된 컴퓨터 언어이며 컴퓨터에 데이터 분석을 실행시킬 수 있는 명령들의 집합이라고 볼 수 있다. 현재 R은 누구나 무료로 자유롭게 사용할 수 있으며 많은 연구자들에 의해 계속 진화를 거듭하면서 데이터 분석 영역에서 가장 활발하게 쓰이는 도구이다.

R 소프트웨어는 R언어를 이용하여 다양한 분석 업무를 수행할 수 있게 해주는 도구들을 제공한다. R 프로젝트 홈페이지(www.r-project.org)에서 다운로드 및 설치가 가능하다.

RStudio는 R을 보다 편리하게 사용할 수 있게 해주는 통합개발환경(integrated development environment, IDE)으로 RStudio 홈페이지(www.rstudio.com)에서 다운로드할 수 있다. 현재 무료버전과 상용버전이 제공되는데 일반 사용자는 무료버전만 사용해도 충분하다.

R은 방대한 데이터 분석 기능을 가지고 있지만 처음 R을 설치했을 때는 기본 기능만 설치된다. 추가 기능을 사용하기 위해서는 필요에 따라 패키지를 추가로 설치해야 하는데, install.packages("패키지이름")라고 명령어창에 입력하면 서버에 접속되어 자동으로 설치가 진행된다. 또한 기능을 메모리에 로딩시키기 위해서는 분석 코드 앞에 library(패키지이름)를 한 번 실행해주어야 한다.

2 RStudio 개발 환경

RStudio를 설치하면 아래와 같이 3가지 영역으로 나누어진 화면을 볼 수 있다.

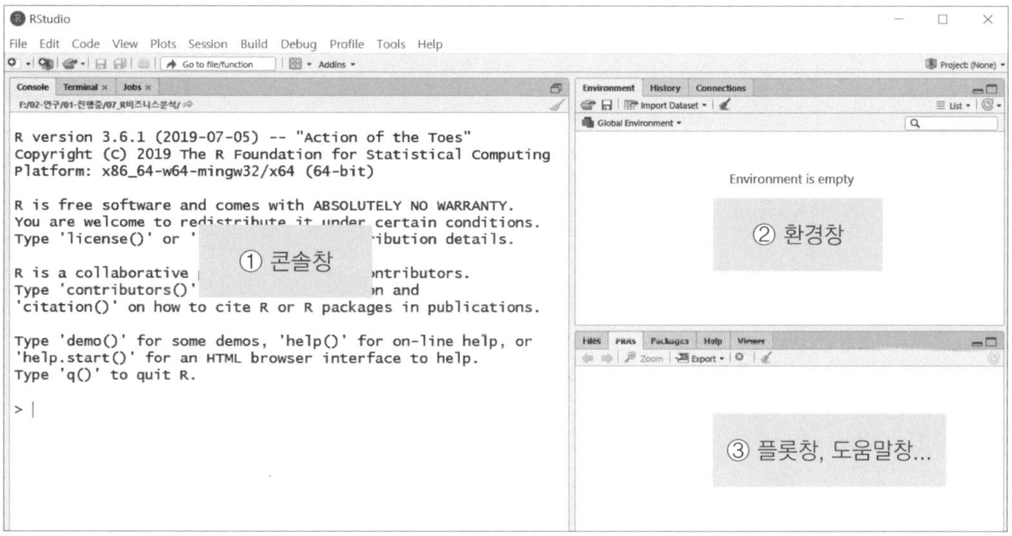

왼쪽 영역은 ① 콘솔(Console)창으로 명령어를 입력하고 실행하는 영역, 즉 컴퓨터와 대화하는 영역이다. > 옆에 필요한 명령문을 줄 단위로 입력하면 컴퓨터가 반응한다. 오른쪽 위의 ② 환경(Environment)창은 메모리에 관한 정보를 보여주는 곳으로, 변수를 생성하면 이곳에 변수이름과 대략적인 구조가 표시된다. 오른쪽 아래는 ③ 플롯(Plots)창과 도움말(Help)창이 자주 사용되는 곳으로, 그래프를 그리는 명령문을 실행하면 플롯창에 표시된다. 특정 명령문에 대한 도움말을 보기 위해서 콘솔창에 Help(명령문)를 입력하면 우리가 알고 싶어 하는 명령문에 대한 설명이 도움말창에 나타나게 된다.

데이터 분석 로직은 하나의 명령문으로만 작성할 수 없기 때문에 여러 명령문들을 순차적으로 수행해야 하고, 필요에 따라 반복 수행 및 조건별 수행을 할 수 있다. R에서는 사용자가 이러한 데이터 분석 프로그래밍을 작성하고 실행할 수 있도록 R Script 기능을 제공한다. 메뉴에서 RStudio → File → New File → R Script를 선택하면 코드를 작성할 수 있는 창이 생긴다. 이곳에 여러 개의 분석 명령 코드를 입력하고 한꺼번에 수행할 수 있다.

3 R 명령문의 기능

데이터 분석을 하기 위해서는 아래와 같은 4가지 단계(기능)가 필요하다.

① 변수 정의 = 데이터저장소 확보

분석할 데이터를 컴퓨터 메모리에 저장하고 필요한 부분을 불러와 사용할 수 있어야 한다.

② 파일 입출력

데이터를 파일에서 불러오고, 파일에 저장하는 기능을 말한다.

③ 데이터 전처리

데이터를 찾아내는 기능, 데이터를 합치거나 필요한 부분을 복사 및 잘라내는 기능, 데이터를 필터링하는 기능 등을 말한다.

④ 데이터 분석

데이터 분석 방법은 매우 다양하며 계속해서 연구·개발되고 있다. 대표적으로 사용되는 기법은 다음 4가지이다.

방법론	특성
그래프 분석	수치데이터를 그래프로 보면 데이터 윤곽을 파악할 수 있고, 분석 방법 선택에 대한 통찰력을 얻을 수 있다. 개략적인 분석에 사용된다.
통계분석	관측치의 통계적 특성을 이용하여 2가지 관측값의 '차이가 있다', '차이가 없다'와 같은 사실을 추측하는 방법론이다.
회귀분석	관측값끼리의 관계를 선형식으로 근사화한 후 관련 있는 관측값을 이용하여 또 다른 관측값을 예측하는 방법론이다.
데이터마이닝	다양하고 복잡한 수학모델을 활용하여 관측값들 간의 관련성, 연관성 등을 파악하고 현상을 이해 및 예측하는 방법론이다.

2장

R 명령문

1 변수 정의
2 파일 입출력
3 데이터 전처리
4 시각화
5 프로그래밍

1 변수 정의

변수는 분석할 데이터를 메모리상에 저장하는 기능을 제공하며, 분석 후에 결과를 메모리상에 저장할 때도 사용한다. 분석과정 중에 모델구조, 파라미터 등을 저장할 때도 사용한다. R에서 사용하는 변수 종류는 아래와 같다.

스칼라(scala), 벡터(vector), 리스트(list), 행렬(matrix), 배열(array), 데이터프레임(data.frame)

1) 스칼라(scala)

단일 데이터를 저장할 때 사용한다. 데이터 종류는 다음과 같다.

데이터 종류	설명
숫자	수치데이터를 말한다. 정수 혹은 실수 값을 가질 수 있다.
문자열	단일문자 혹은 여러 개의 문자가 연결된 데이터를 말한다.
진리값	참, 거짓으로 구성된 데이터다. R에서는 TRUE, FALSE를 사용한다.
팩터(Factor)	"상", "중", "하"와 같이 몇 가지 종류로 표현되는 데이터를 말한다.
NA	Not Available이란 뜻으로 데이터 저장공간은 있지만 데이터가 없다는 뜻이다. 주로 결측값을 나타낸다.
NULL	변수에 데이터에 대한 구체적인 정의가 없는 상태를 말한다. 데이터 분석에서 NULL 데이터가 있으면 결과값이 전혀 다르게 나올 수 있으므로 주의해야 한다.

아래 코드는 스칼라 변수에 숫자를 저장하는 예를 보여준다.

```
x <- 1
```

➡ x라는 변수를 만들고 1을 저장하라.

"<-" 기호와 "=" 기호는 특정 변수에 값을 할당하는 기능을 한다. "=" 기호는 약간의 제약이 있기 때문에 R에서는 "<-" 기호를 많이 사용한다.

2) 벡터(vector)

n개의 스칼라 데이터를 저장할 수 있는 변수 종류이다. 한 가지 데이터 종류만 저장할 수 있으며 숫자벡터, 문자열벡터 등이 가능하다. 각 데이터에 접근하기 위해 인덱스 번호를 쓰거나 이름을 지정할 수 있다. R에서 벡터를 사용하는 코드는 다음과 같다.

```
x <- c(3:7)
```

➡ x 벡터변수를 만들고 [3,4,5,6,7]을 저장하라. 3:7은 3부터 7까지를 의미한다.

```
y <- x[2:4]
```

➡ x의 두 번째부터 네 번째 데이터까지 데이터를 꺼내서 y 벡터를 만들어라.
결과적으로 y는 [4,5,6]이 된다.

```
z <- x[-3]
```

➡ x에서 3번째 데이터 빼고 다른 데이터를 이용해서 z 벡터를 만들어라.
z는 [3,4,6,7]이 된다.

```
names(x) <- c("x1","x2","x3","x4","x5")
x["x2"] <- 10
```

➡ x 벡터의 각 요소에 이름을 지정하고 x에서 이름이 "x2"인 데이터를 10으로 수정한다.

R에서는 문자를 지정할 때 작은따옴표(' ') 혹은 큰따옴표(" ")를 사용할 수 있다.

벡터데이터는 TRUE, FALSE 값을 가질 수 있는데, 아래 내용은 실제 R에서 [TRUE, TRUE, FALSE] 형태의 벡터를 생성하는 모습이다.

```
> x <- c(TRUE, TRUE, FALSE)
> x
[1]  TRUE  TRUE FALSE
>
```

데이터가 반복되는 벡터를 생성할 때는 rep( ) 함수가 유용하다. 아래 예는 숫자 [1,2,3] 이 5번 반복되는 벡터를 생성하는 명령문이다.

```
> x <- rep(1:3,times=5)
> x
 [1] 1 2 3 1 2 3 1 2 3 1 2 3 1 2 3
```

숫자 1이 5번 반복된 후 2가 5번 반복되는 벡터를 생성하는 명령문은 다음과 같다.

```
> x <- rep(1:2,each=5)
> x
 [1] 1 1 1 1 1 2 2 2 2 2
```

3) 리스트(list)

(키, 값) 형태의 데이터를 저장할 수 있는 저장소이다. 다양한 형태의 데이터와 다양한 길이의 데이터를 혼합 저장할 수 있다. 각 데이터에 접근하기 위해 인덱스 번호를 쓰거나 키를 사용할 수 있다.

```
x <- list(a=c("k1","k2"),b=c(1:6))
```

➡ x 리스트 변수를 만들어라.

```
sum(x$b)
```

➡ x 변수에서 키가 b인 데이터의 합을 구하라.

```
x$b[3] <- 20
```

➡ x 변수에서 키가 b인 데이터(값)에서 3번째 요소를 20으로 수정하라.

4) 행렬(matrix)

행과 열 구조를 가지는 2차원 데이터다. 동일한 형태의 데이터만 저장할 수 있다. 행번호와 열번호로 각 요소에 접근할 수 있다. 옵션값으로 nrow, ncol, byrow 값을 설정할 수 있다.

```
x <- matrix(1:9, nrow=3)
```

➡ 1부터 9까지 숫자를 이용하여 행이 3개인 행렬을 만든다. 데이터는 각 열에 차례대로 할당된다. x는 다음과 같은 형태로 생성된다.

```
1 4 7
2 5 8
3 6 9
```

```
x[2,3] <- 20
```

➡ 2행 3열 데이터를 20으로 수정하라.

벡터로부터 행렬을 생성할 때 각 행에 차례대로 할당하려면 아래와 같이 byrow= TRUE 옵션을 사용하면 된다.

```
> x <- matrix(1:9, nrow=3, byrow=TRUE)
> x
     [,1] [,2] [,3]
[1,]    1    2    3
[2,]    4    5    6
[3,]    7    8    9
```

5) 배열(array)

다차원 형태의 데이터를 정의할 수 있다. 동일한 형태의 데이터만 저장할 수 있다. 차원별 인덱스 번호를 이용하여 각 요소에 접근할 수 있다.

```
x <- array(1:12, dim=c(2,2,3))
```

➡ 1에서 12까지의 데이터를 이용하여 2×2×3 차원의 배열을 정의하라.

```
x[ , , 2]
```

➡ 2번째 2×2 배열을 반환한다.

```
x[1, 1, 2]
```

➡ 2번째 2×2 배열에서 1행, 1열 데이터를 반환한다.

6) 데이터프레임(data.frame)

행과 열이 존재하는 테이블 형식으로 데이터를 저장할 수 있다. 일반적으로 데이터 분석에서 많이 사용하는 데이터 형식이다. 열별로 다양한 데이터 형태를 저장할 수 있지만 하나의 열에서는 동일한 형태의 데이터만 저장할 수 있다. 각 열은 변수를 의미하고, 각 행에는 관측데이터를 저장한다. 각 열의 데이터 길이는 동일해야 한다. 열이름과 인덱스를 이용하여 각 데이터에 접근할 수 있다.

```
s <-
data.frame(x=c(60,70,30,80,90),
           y=c(80,90,50,70,50),
           z=c("P","P","F","P","P"))
```

➡ 5명 학생에 대한 x,y,z 과목의 성적을 data.frame으로 생성한다.
x,y 과목은 100점 만점 형태이고 z 과목은 P(성공), F(실패) 형태다.

```
s$y[2] <- 100
```

➡ y 점수의 2번째 데이터를 100점으로 변경하라.

```
mean(s$x)
```

➡ x 점수의 평균을 구하라.

2 파일 입출력

1) 파일로부터 데이터 불러오기

콤마로 구분된 데이터 파일(*.csv)을 읽어오기 위하여 read.csv( ) 함수를 사용한다.

```
s <- read.csv("score.csv")
```

➡ score.csv 파일에서 읽어 data.frame 형태로 s를 생성하라.
score.csv 파일에는 다음과 같은 형태로 데이터가 저장되어 있어야 한다.

```
 x,  y, z
60, 80, P
70, 90, P
30, 70, F
80, 70, P
90, 50, P
```

실제 R에서 생성되는 데이터의 구조를 파악하기 위해서는 str( ) 함수를 사용할 수 있다. 위 코드에서 생성된 s의 구조를 파악하는 모습은 아래와 같다.

```
> s <- read.csv('score.csv')
> str(s)
'data.frame':	5 obs. of  3 variables:
 $ x: int  60 70 30 80 90
 $ y: int  80 90 70 70 50
 $ z: Factor w/ 2 levels "F","P": 2 2 1 2 2
```

z는 F와 P값을 가질 수 있는 팩터(factor) 데이터 타입으로 생성되었다. 만일 일반 문자열로 생성하려면 stringsAsFactors=FALSE 옵션을 사용한다.

```
> s <- read.csv('score.csv',stringsAsFactors=FALSE )
> str(s)
'data.frame':	5 obs. of  3 variables:
 $ x: int  60 70 30 80 90
 $ y: int  80 90 70 70 50
 $ z: chr  "P" "P" "F" "P" ...
```

2) 데이터를 파일에 저장하기

write.csv( ) 함수를 이용하여 데이터를 파일에 저장한다.

```
write.csv(s,"score.csv")
```

➡ 데이터 s를 score.csv 파일에 저장하라.

save( ), load( ) 함수를 사용할 때 데이터 분석 도중 현재 메모리상에 있는 내용을 파일에 저장하면, 나중에 컴퓨터 전원을 껐다가 다시 켰을 때에도 똑같은 분석을 계속 진행할 수 있다.

```
save(list=ls(),file='all.RData')
```

➡ ls( )는 현재 메모리상에 있는 모든 변수 리스트를 가져온다. 이러한 데이터를 all.RData라는 파일에 이진데이터 형식으로 저장한다.

```
> ls()
[1] "s" "x" "y"
```

```
load('all.RData')
```

➡ all.RData에 저장되어 있는 변수를 R 메모리환경에 복구한다.

엑셀 및 타 통계패키지 데이터 파일에 대한 입출력은 관련 패키지를 설치한 후 사용할 수 있다.

3 데이터 전처리

데이터 전처리 관련 기능들은 초기 분석 단계에서 많이 사용되는데, 데이터 분석 작업에서 비교적 많은 부분을 차지한다. 조건에 맞는 특정 데이터를 추출하거나, 여러 데이터세트에 특정 연산을 동시에 진행하는 처리 등을 데이터 전처리 단계에서 수행한다. R에서는 벡터 연산을 사용하여 큰 용량의 데이터를 빠르게 처리할 수 있다. 그러나 사용법이 직관적이지 않아 이해하기 어려울 수 있으므로 반복해서 익힐 필요가 있다.

1) 벡터 연산

```
z <- c(2, 3, 4, 5, 6)
z <- z + 1
```

➡ 벡터 z의 각 데이터에 1씩 더한다.

```
x <- c(1, 2, 3, 4, 5)
y <- c(2, 3, 4, 5, 6)
z <- x + y
```

➡ 벡터 x와 y의 각 데이터를 더한다. z는 [3, 5, 7, 9, 11]이 된다.

```
x <- c(1, 2, 3, 4, 5)
y <- sum(x)
```

➡ 벡터 x의 모든 데이터를 합한다. y값은 15가 된다.

```
x <- c(1, 2, 3, 4, 5)
y <- mean(x)
```

➡ 벡터 x의 모든 데이터를 이용하여 평균을 구한다. y값은 3이 된다.

```
x <- c(1, 2, 3, 4, 5)
y <- c(T, F, T, F, T)
z <- x[y]
```

➡ 벡터 x의 데이터 중 y가 T(TRUE)인 지점의 데이터만 모은다. z는 [1, 3, 5]가 된다.

진리값을 가진 벡터의 & 연산은 아래와 같이 각 요소데이터끼리 논리연산을 수행하여 결과도 벡터로 만들어진다.

```
Console  Terminal ×  Jobs ×
F:/
> x <- c(TRUE,TRUE) & c(TRUE,FALSE)
> x
[1]  TRUE FALSE
```

%in% 코드는 벡터에서 특정 데이터의 존재를 파악하는 연산이다.

```
Console  Terminal ×  Jobs ×
F:/
> 'a' %in% c('a','b','c')
[1] TRUE
```

ifelse( ) 함수를 이용하여 벡터의 조건연산도 다음과 같이 처리할 수 있다. 사용법은 다음과 같다.

```
ifelse(조건, 참일 때 값, 거짓일 때 값)
```

```
> x <- c(1,2,3,4,5)
> ifelse(x %% 2== 0,"even","odd")
[1] "odd"  "even" "odd"  "even" "odd"
```

x%%2 연산은 x를 2로 나눌 때의 나머지를 의미한다.

2) 빈도 분석

전체 데이터에서 특정 빈도를 구하는 기능은 table( )과 xtabs( ) 함수를 이용하면 쉽게 구현할 수 있다. 벡터데이터를 사용하는 경우 table( )을 사용한다.

```
x <- c('a','b','b','a','c','c','d')
y <- table(x)
```

➡ 벡터 x에서 값의 출현빈도를 구하는 코드이다.
결과 y는 2,2,2,1이고 각각 a b c d의 빈도를 나타낸다.

데이터프레임에서 특정 변수끼리의 교차빈도를 구하는 경우 xtabs( )를 사용한다.

```
d <-
 data.frame(x=c('a','b','b','a','c','c','d'), y=c('m','f','f','m','f','f','m'))
td <- xtabs(~ x+y, data=d)
```

➡ 변수 x, y에 대한 7개 관측 (a,m), (b,f), (b,f), (a,m), (c,f), (c,f), (d,m)을 저장한 데이터 d를 이용해 변수 x, y에 대한 동시발생건수를 구한다.
td는 아래와 같은 테이블이 생성된다.

		y	
		f	m
x	a	0	2
	b	2	0
	c	2	0
	d	0	1

예를 들어 x 변수가 b이고 y 변수가 f인 경우는 총 2번 발생된 것을 알 수 있다.

3) 일괄 분석

특정 데이터세트에 연산을 한꺼번에 적용하는 경우 사용할 수 있는 함수들이다.

```
x <- matrix(c(1, 1, 1, 1, 1, 1),ncol=3)
y <- apply(x,1,sum)
z <- apply(x,2,sum)
```

➡ x는 아래와 같은 행렬이 생성된다.

1 1 1

1 1 1

apply(x,1,sum)은 행방향으로 합연산을 하는 것이고 결과적으로 y는 [3, 3]이 된다.

apply(x,2,sum)은 열방향으로 합연산을 하는 것이고 결과적으로 y는 [2, 2, 2]가 된다.

```
a <- data.frame(x=c(3,5,4,6), y=c(5,6,7,4))
b <- lapply(a, mean)
```

➡ a는 x, y 변수의 관측값 4개를 가지고 있는 데이터프레임이며, lapply를 사용하여 각 변수별 관측값의 평균을 구한다. b는 리스트 형식으로 생성되며 [x=4.5, y=5.5] 형태의 값을 가지게 된다.

```
a <- data.frame(x=c(3,5,4,6), y=c(5,6,7,4), z=c('M','F','F','M'))
b <- tapply(a$y, a$z, sum)
```

➡ tapply는 그룹연산을 할 수 있는 함수이다. 사용형식은 아래와 같다.

```
tapply(분석할 데이터, 그룹을 나눌 기준, 분석 로직)
```

위 코드는 y관측값에 대하여 z값으로 분류하여 각 그룹의 합을 구하는 코드이다. b는 F=13, M=9 형태의 배열로 생성된다.

tapply( )를 이용하여 짝수와 홀수의 합을 구하는 예는 다음과 같다. TRUE가 짝수이고 FALSE가 홀수이다.

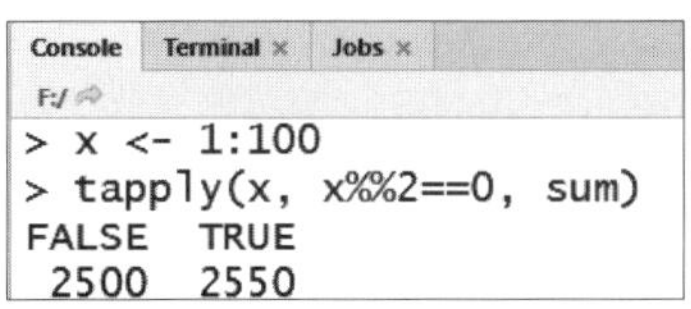

4) 데이터 합치기

행 합치기는 rbind( ) 함수를 사용하고 열 합치기는 cbind( ) 함수를 사용한다.

```
x <- c(1,2,3)
y <- c(4,5,6)
z <- rbind(x,y)
```

➡ 벡터 x, y를 행 합치기하여 행렬 z를 생성한다.

```
s <-
data.frame(x=c(60,70,30,80,90),
            y=c(80,90,50,70,50),
            z=c("P","P","F","P","P"))
s <- rbind(s,c(50,70,"P")
```

➡ 데이터프레임 s에 행을 하나 추가하여 s를 변경한다.

```
s <-
data.frame(x=c(60,70,30,80,90),
            y=c(80,90,50,70,50),
            z=c("P","P","F","P","P"))
s <- cbind(s,w=c(50,70,60,90,80))
```

➡ 데이터프레임 s에 열을 추가하여 w 과목의 점수를 추가한다.

벡터와 벡터를 합치는 경우는 union( ), intersect( ), setdiff( ) 함수를 사용한다.

```
union (c("a","b","c"),c("a","d"))
```

➡ 두 벡터를 합쳐서 내용이 중복되지 않도록 새로운 벡터를 만든다. 결과 벡터는 아래와 같다.

```
'a' 'b' 'c' 'd'
```

```
intersect (c("a","b","c"),c("a","d"))
```

➡ 두 벡터에서 교집합만 이용하여 새로운 벡터를 만든다. 결과 벡터는 아래와 같다.

'a'

```
setdiff (c("a","b","c"),c("a","d"))
```

➡ 왼쪽 벡터에서 오른쪽 벡터 내용을 빼고 나머지를 이용하여 새로운 벡터를 만든다. 결과 벡터는 아래와 같다.

'b' 'c'

5) 데이터 정렬

order( ) 함수는 데이터를 정렬하여 색인을 반환한다. sort( ) 함수는 정렬된 데이터를 반환한다.

```
x <- c(4,2,5,6)
i <- order(x)
```

➡ 벡터 x를 정렬하여 색인을 생성한다. i에는 [2 1 3 4]가 저장된다.

```
x <- c(4,2,5,6)
xi <- x[order(x)]
```

➡ 벡터 x를 우측이 큰 값이 나오도록 정렬하여 벡터 xi를 생성한다.

```
x <- c(4,2,5,6)
xi <- sort(x,decreasing=TRUE)
```

➡ 벡터 x를 우측이 작은 값이 나오도록 정렬하여 벡터 xi를 생성한다.

6) 데이터 분리 및 추출

split( ) 함수는 조건에 따라 데이터를 나눈다. subset( ) 함수는 특정 조건을 만족하는 데이터를 추출한다.

```
x <- 1:100
y <- split(x, x%%2)
```

➡ 벡터 x를 2로 나눌 때 나머지 값으로 분리하여 리스트 y를 생성한다.
y$0에 2 4 6 ... 100이 저장되고, y$1에 1 3 5 ... 99가 저장된다.

```
x <- 1:100
y <- subset(x, x%%6==0)
```

➡ 벡터 x에서 6배수만 추출한다.

```
x <- 1:100
y <- subset(x, x > 30 & x < 70)
```

➡ 벡터 x에서 30보다 크고 70보다 작은 수만 추출한다.

R에는 기본적으로 iris라는 데이터를 사용할 수 있는데 [붓꽃의 꽃잎길이, 꽃잎폭, 꽃받침길이, 꽃받침폭, 종이름] 데이터를 가지고 있다.

```
Console  Terminal ×  Jobs ×
F:/
> iris
  Sepal.Length Sepal.Width Petal.Length Petal.Width   Species
1          5.1         3.5          1.4         0.2    setosa
2          4.9         3.0          1.4         0.2    setosa
3          4.7         3.2          1.3         0.2    setosa
4          4.6         3.1          1.5         0.2    setosa
5          5.0         3.6          1.4         0.2    setosa
```

종(Species)이 setosa이면서 Sepal.Length가 5보다 큰 데이터만 선별해서 가져오는 명령문을 suset( )으로 만든 예제는 아래와 같다.

```
Console  Terminal ×  Jobs ×
F:/
> data <- subset(iris,Species=='setosa'  & Sepal.Length > 5)
> data
   Sepal.Length Sepal.Width Petal.Length Petal.Width Species
1           5.1         3.5          1.4         0.2  setosa
6           5.4         3.9          1.7         0.4  setosa
11          5.4         3.7          1.5         0.2  setosa
15          5.8         4.0          1.2         0.2  setosa
16          5.7         4.4          1.5         0.4  setosa
17          5.4         3.9          1.3         0.4  setosa
18          5.1         3.5          1.4         0.3  setosa
```

sample( ) 함수는 벡터에서 데이터를 랜덤하게 추출한다.

```
sample(1:10,5,replace=TRUE)
```

➡ 1~10 숫자에서 5개를 랜덤하게 추출한다. replace=TRUE는 복원추출 옵션이다.

seq( ) 함수는 벡터데이터를 생성해준다.

```
seq(1,10,2)
```

➡ 1~10 숫자에서 2씩 증가시키면서 데이터를 생성한다.

7) 데이터 병합

merge( ) 함수는 두 데이터프레임을 공통된 값을 기준으로 묶는 함수이다.

```
H <- data.frame(name=c("Kim","Park","Lee"),height=c(170,178,175))
W <- data.frame(name=c("Lee","Park","Kim"),weight=c(80,68,72))
HW <- merge(H,W)
```

➡ 데이터프레임 H, W를 name 기준으로 병합한다. 병합한 결과 HW는 다음과 같다.

```
name  height  weight
Kim      170      72
Lee      175      80
Park     178      68
```

```
H <- data.frame(name=c("Kim","Park","Lee"),height=c(170,178,175))
W <- data.frame(name=c("Jung","Park","Kim"),weight=c(80,68,72))
HW <- merge(H,W)
```

➡ 데이터프레임 H, W를 name 기준으로 병합한다. 병합한 결과 HW는 다음과 같다. H와 W에 모두 존재하는 name 데이터만 병합되었다.

```
  name  height  weight
1 Kim      170      72
2 Park     178      68
```

```
H <- data.frame(name=c("Kim","Park","Lee"),height=c(170,178,175))
W <- data.frame(name=c("Jung","Park","Kim"),weight=c(80,68,72))
HW <- merge(H,W,all=TRUE)
```

➡ 데이터프레임 H, W를 name 기준으로 병합한다. 병합한 결과 HW는 다음과 같다. all 옵션이 true이므로 모든 데이터를 병합하고 빠진 데이터는 NA(결측치)로 처리한다.

```
name  height  weight
Kim      170      72
Lee      175      NA
Park     178      68
Jung      NA      80
```

dplyr 패키지는 데이터프레임을 join하여 합치는 기능을 제공한다. 아래와 같이 패키지를 설치해야 사용할 수 있다.

```
install.packages("dplyr")
library("dplyr")
```

➡ 패키지 설치 및 불러오기가 진행된다.
이때 loading error가 발생하면 rlang 패키지를 삭제한 후 다시 설치해야 한다.

테이블 조인은 #_join(테이블A, 테이블B, by=c(A.열이름=B.열이름)) 형식을 사용한다. 결과 테이블은 테이블A와 테이블B를 합친 모습이 된다. 일단 다음 코드를 이용하며 2개의 테이블을 생성한다.

```
ta<-data.frame(job_code=c(100,200,300),income=c(2000,4000,6000))
tb<-data.frame(code=c(100,200,400),job_name=c('영업직','생산직','총무직'))
```

➡ 아래와 같은 테이블이 생성된다.

ta

job_code	income
100	2,000
200	4,000
300	6,000

tb

code	job_name
100	영업직
200	생산직
400	총무직

left_join( ) 함수는 왼쪽 테이블 기준으로 새로운 테이블을 생성한다.

```
tc <- left_join(ta,tb,by=c('job_code'='code'))
```

➡ left_join 함수는 위 테이블에서 ta를 그대로 살리고, 동일한 job_code가 tb테이블에 있으면 job_name을 넣어주고 없으면 NA를 넣는다. left_join 결과로 아래와 같은 테이블이 생성된다.

tc

job_code	income	job_name
100	2,000	영업직
200	4,000	생산직
300	6,000	NA

right_join( ) 함수는 오른쪽 테이블 기준으로 새로운 테이블을 생성한다.

```
tc <- right_join(ta,tb,by=c('job_code'='code'))
```

➡ right_join 함수는 위 테이블에서 tb를 그대로 살리고, 동일한 code가 ta테이블에 있으면 income을 넣어주고 없으면 NA를 넣는다. right_join 결과로 아래와 같은 테이블이 생성된다.

tc		
job_code	income	job_name
100	2,000	영업직
200	4,000	생산직
400	NA	총무직

inner_join( ) 함수는 양쪽 테이블 기준으로 교집합 형식으로 새로운 테이블을 생성한다.

```
tc <- inner_join(ta,tb,by=c('job_code'='code'))
```

➡ inner_join 함수는 양 테이블에 동일하게 존재하는 코드 행만 생성한다.

tc		
job_code	income	job_name
100	2,000	영업직
200	4,000	생산직

full_join( ) 함수는 양쪽 테이블 기준으로 합집합 형식으로 새로운 테이블을 생성한다.

```
tc <- full_join(ta,tb,by=c('job_code'='code'))
```

➡ full_join 함수는 양쪽 테이블 내용을 모두 포함하고, 없는 열 데이터에는 NA를 넣는다.

tc		
job_code	income	job_name
100	2,000	영업직
200	4,000	생산직
300	6,000	NA
400	NA	총무직

4 시각화

1) 산점도

plot( ) 함수는 x, y 좌표상에 점을 찍어주는 그래프를 그려준다.

```
plot(Ozone$V8, Ozone$V9)
```

➡ Ozone은 1976년 미국 지역의 오존 오염 데이터이며, 변수 V8, V9은 샌드버그(Sandburg)와 엘몬테(El Monte) 지역의 온도를 관측한 데이터다. 위 코드의 실행 결과는 아래와 같은 그래프이다.

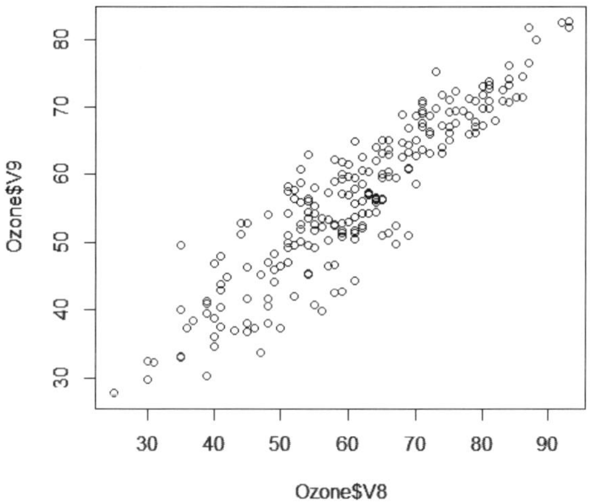

※ Ozone 데이터를 사용하려면 아래 코드를 사용해야 한다.

```
install.package("mlbench") #mlbench 패키지 설치
library(mlbench) #mlbench 기능을 메모리에 로딩
data(Ozone) #Ozone 데이터를 메모리에 로딩
```

데이터에 jitter를 사용하면 약간의 오차값을 더하여 그래프가 겹치는 것을 최소화할 수 있다.

```
plot(jitter(Ozone$V6), jitter(Ozone$V7), pch=20)
```

➡ 변수 V6, V7은 로스앤젤레스 공항에서 측정한 풍속과 습도를 담고 있다. 그냥 아래 코드를 이용하여 plot을 그리면 겹치는 부분이 많이 생긴다. pch=20은 점의 형태를 정의하는 것이다. 20번은 동그란 점을 의미한다.

```
plot(Ozone$V6, Ozone$V7, pch=20)
```

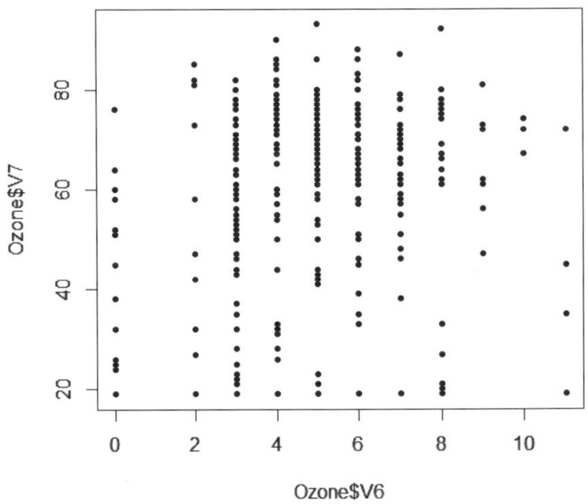


```
plot(jitter(Ozone$V6), jitter(Ozone$V7), pch=20)
```

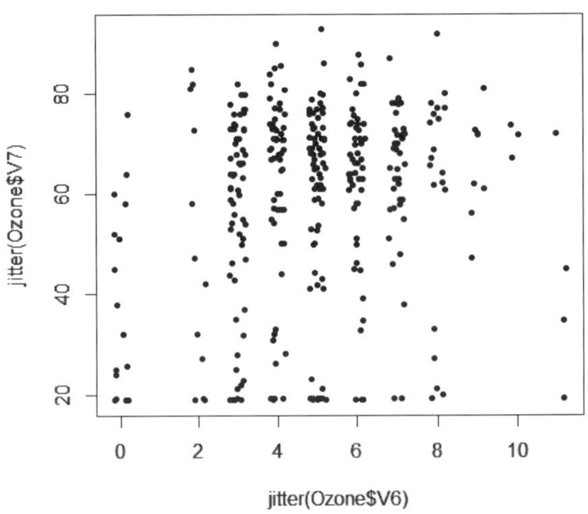

2) 점 및 직선 추가하기

plot( )을 이용하여 그래프를 그린 후 points( )를 사용하여 추가 점을 표시할 수 있다.

```
plot(iris$Sepal.Width,iris$Sepal.Length)
points(iris$Petal.Width,iris$Petal.Length,pch="+",col="red")
```

➡ iris는 붓꽃의 꽃받침, 꽃잎의 길이와 폭을 측정한 데이터다. Sepal(꽃받침) 데이터로 산점도를 그리고, Petal(꽃잎) 데이터를 추가로 "+"표시 점으로 추가하였다. col은 점 색깔 옵션이다.

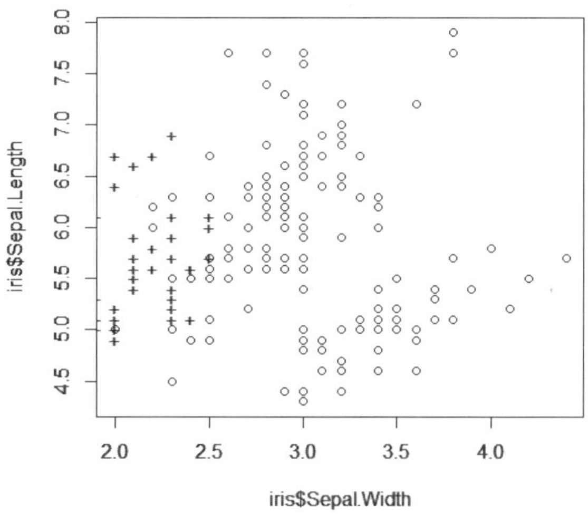

plot( )을 이용해 그래프를 그리고, lines( )를 사용하면 데이터 라인을 표시할 수 있다.

```
x <- seq(0,2*pi,0.1)
y <- sin(x)
plot(x,y)
lines(x,y)
```

➡ seq(시작, 종료, 증가분)는 시작점에서 종료점까지 주어진 간격만큼 증가된 벡터를 생성하는 함수이다. lines( )를 이용하여 점들을 연결하는 선이 그래프에 추가되었다.

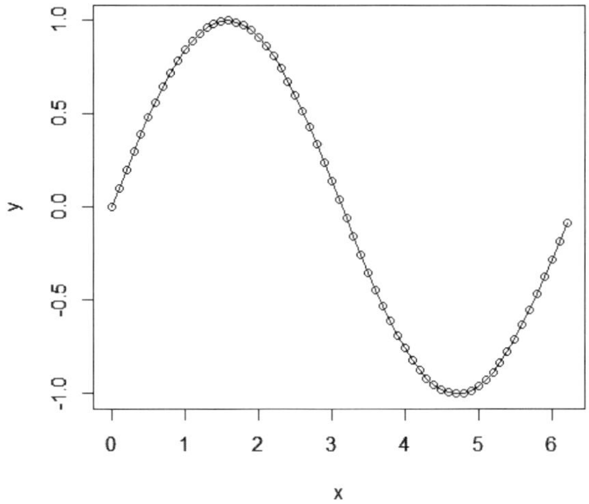

plot( )을 이용하여 그래프를 그린 후 선형식, 수직선 및 수평선을 추가하려면 ablines( )을 사용한다.

```
plot(cars)
abline(a=-5,b=3.5)
abline(h=mean(cars$dist))
abline(v=mean(cars$speed))
```

➡ cars는 자동차의 속도(speed)와 브레이크제동거리(dist)를 측정한 데이터다.
abline(a=−5,b=3.5)은 기울기 3.5, 절편 −5인 직선을 그리는 코드이다.
abline(h=mean(cars$dist))은 dist의 평균값을 이용하여 수평선을 그리는 코드이다.
abline(v=mean(cars$speed))은 speed의 평균값을 이용하여 수직선을 그리는 코드이다.

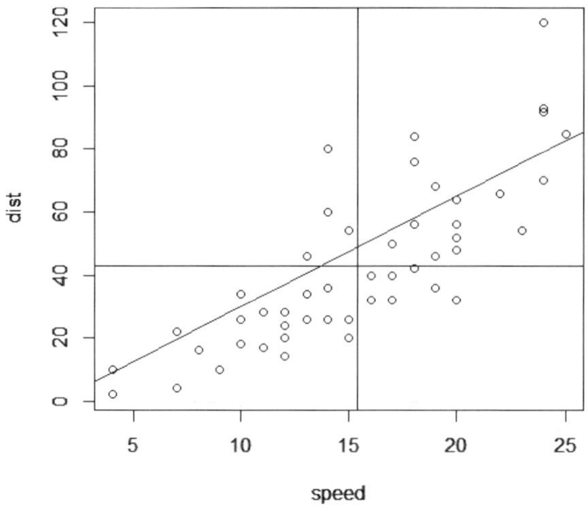

여러 점을 이용하여 다각형을 표시하려면 polygon( ) 함수를 사용한다. R에서 제공하는 cars 데이터는 자동차 속도의 제동거리를 측정한 자료이다. 회귀분석모델을 이용하여 속도와 제동거리에 대한 직선을 그리고 속도별 제동거리의 신뢰구간을 표시하기 위해서 아래와 같은 그래프를 그려보자.

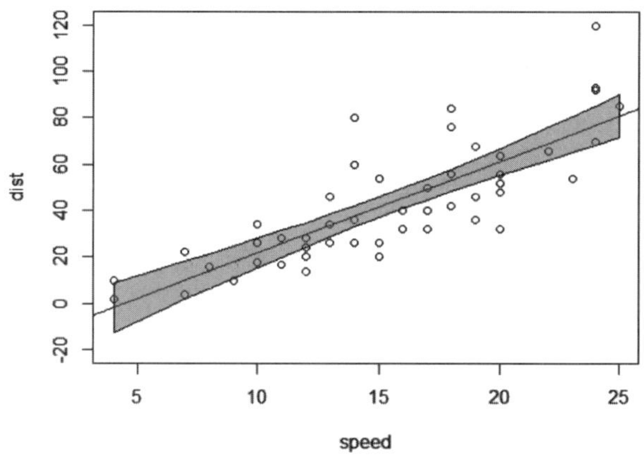

전체 코드는 다음과 같다.

```
m <- lm(dist ~ speed, data=cars)
p <- predict(m,interval="confidence")
x <- c(cars$speed,tail(cars$speed,1),rev(cars$speed),cars$speed[1])
y <- c(p[,"lwr"],tail(p[,"upr"],1),rev(p[,"upr"]),p[1,"lwr"])
plot(cars,ylim=c(-20,120))
abline(m)
polygon(x,y,col=rgb(.7,.7,.7,.5))
```

각 코드에 대한 세부 설명은 다음과 같다.

```
m <- lm(dist ~ speed, data=cars)
p <- predict(m,interval="confidence")
```

➡ lm( ) 함수는 회귀모델을 만들어주는 기능을 제공한다. 사용형식은 다음과 같다.

```
lm(종속변수 ~ 독립변수, data=사용할 데이터이름)
```

```
p <- predict(m,interval="confidence")
```

➡ 회귀모델을 이용하여 종속변수(dist)를 예측하는 함수는 predict( )을 사용한다. 예측값의 신뢰구간을 계산하려면 interval='confidence' 옵션을 사용한다. p는 다음과 같은 형식으로 생성된다.

```
> p
        fit        lwr       upr
1  -1.849460 -12.329543  8.630624
2  -1.849460 -12.329543  8.630624
3   9.947766   1.678977 18.216556
4   9.947766   1.678977 18.216556
5  13.880175   6.307527 21.452823
```

fit은 예측값, lwr은 하한값, upr은 상한값이다.

```
x <- c(cars$speed,tail(cars$speed,1),rev(cars$speed),cars$speed[1])
```

➡ 다각형 테두리를 구성하는 x좌표의 값을 아래와 같은 순서로 생성한다.

모든 speed값, 마지막 speed값, 모든 speed값(순서 반대로), 첫 speed값

```
y <- c(p[,"lwr"],tail(p[,"upr"],1),rev(p[,"upr"]),p[1,"lwr"])
```

➡ 다각형 테두리를 구성하는 y좌표의 값을 아래와 같은 순서로 생성한다.

모든 dist 하한값, 마지막 dist 상한값, 모든 dist 상한값(순서 반대로), 첫 dist 하한값

```
plot(cars,ylim=c(-20,120))
abline(m)
```

➡ plot( )은 car 데이터의 산점도를 그린다. ylim은 y축의 최솟값, 최댓값을 지정한다. abline(m)은 모델 m에 따라 직선을 그린다.

```
polygon(x,y,col=rgb(.7,.7,.7,.5))
```

➡ polygon은 여러 점으로 표현되는 다각형을 그리는 함수이며, col은 색깔 옵션으로 (r,g,b,alpha) 형식으로 입력한다. r,g,b는 0~1 사이 값을 입력하고 alpha는 투명도를 나타내도록 0~1 사이 값을 사용한다.

3) 데이터 분포 그리기

boxplot( )을 이용하여 데이터의 대략적인 분포특성을 파악할 수 있다.

```
boxplot(iris$Sepal.Width)
```

➡ 주어진 데이터의 1사분위수, 중앙값, 3사분위수를 가운데 사각형에 표시하고, 이상치를 구분 짓는 위아래 whisker(수평선)를 표시해준다. 위아래 원들은 이상치를 나타낸다.

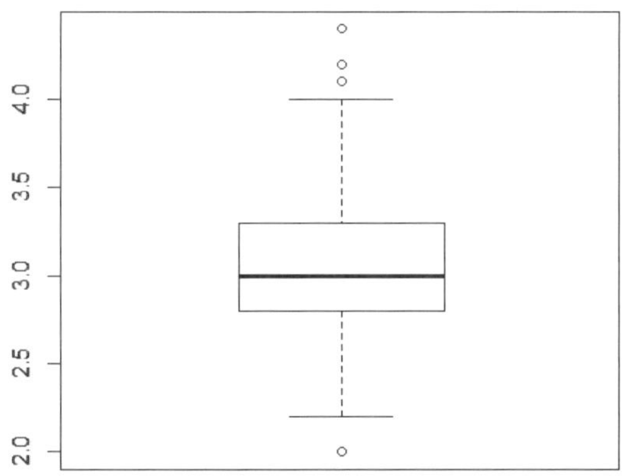


```
boxstats <- boxplot(iris$Sepal.Width,horizontal=TRUE)
text(boxstats$out
     , rep(1,NROW(boxstats$out))
     , labels=boxstats$out
     , pos=c(1,1,3,1))
```

➡ boxplot( )에서 horizontal 옵션을 사용하여 방향을 바꿀 수 있다.
text는 특정 x, y 지점에 문자를 출력하는 함수이다. 사용형식은 아래와 같다.

```
text (x위치값, y위치값, 표시할 문자, 문자위치 옵션)
```

문자위치 옵션은 아래(1),왼쪽(2),위(3),오른쪽(4)를 사용한다.
x위치값은 그래프(boxstats)의 이상치(out)이며, y위치값은 1을 사용하였다. 표시할 문자는 이상치값이고, 문자위치는 아래, 아래, 위, 아래다.

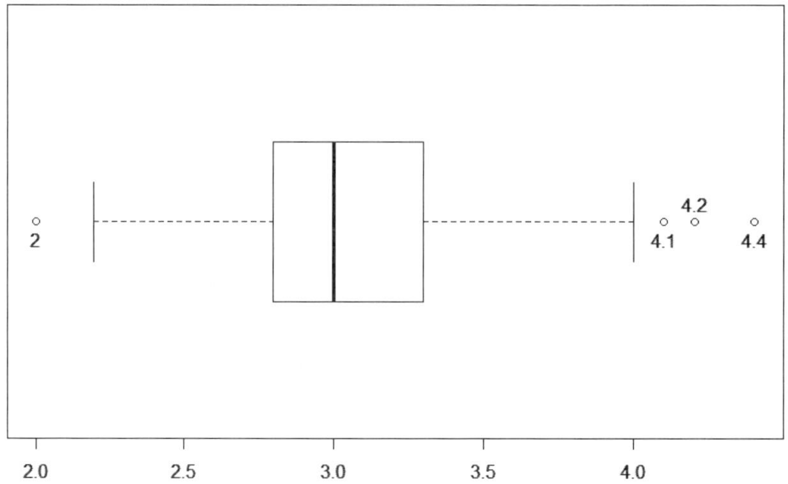

hist( )는 구간별 빈도수 그래프로 그려주며 이를 통해 분포특성을 파악할 수 있다.

```
hist(iris$Sepal.Width)
```

➡ hist(iris$Sepal.Width, freq=FALSE) 형태와 같이 빈도 옵션을 FLASE로 두면 y축값은 확률밀도값을 그려준다. 확률밀도인 경우 그래프 면적의 합은 1이 된다.

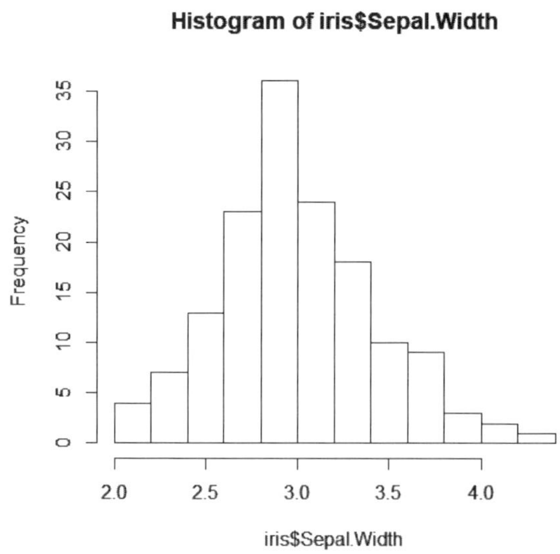

density( ) 함수는 주어진 데이터의 확률밀도함수를 추정해준다. hist( )를 이용하여 대략적인 확률밀도함수 그래프를 그리고, density( )로 정밀한 밀도함수를 산출하며, lines( ) 함수를 이용하여 라인을 추가하면 다음과 같은 그래프를 그릴 수 있다.

```
hist(iris$Sepal.Width, freq=FALSE)
lines(density(iris$Sepal.Width))
```

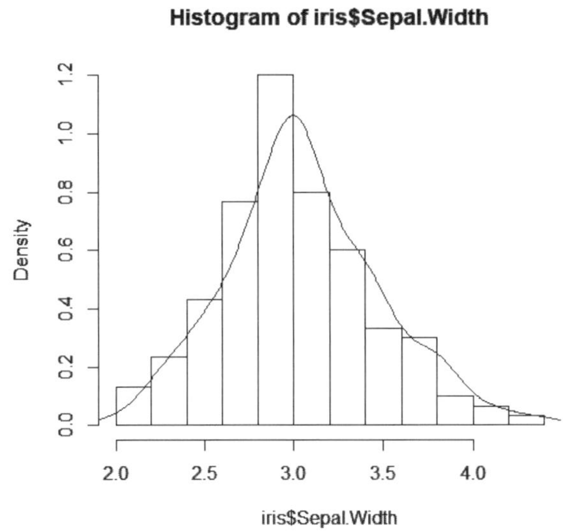

4) 데이터 특성 그리기

barplot( )을 이용하여 n개의 막대그래프를 표시할 수 있다. 데이터는 벡터 혹은 행렬을 사용한다.

```
x <- c(120,400,200,250,180)
names(x) <- c("A","B","C","D","F")
barplot(x)
```

➡ 주어진 데이터가 벡터이기 때문에 각 요소에 대한 수치 데이터가 막대그래프로 표시된다.

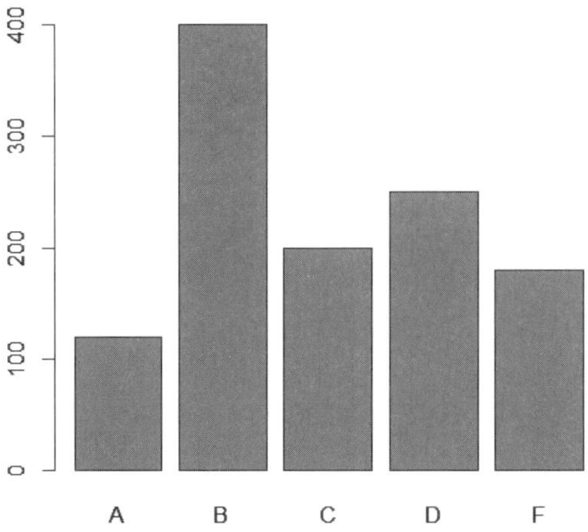


```
y <- matrix(x <- c(120,180,200,100,220,80),nrow=2)
colnames(y) <- c("Seoul","Busan","Daegu")
barplot(y)
```

➡ 생성된 데이터 y는 2차원 행렬이기 때문에 아래와 같이 분할된 막대그래프가 생성된다.

	Seoul	Busan	Daegu
1	120	200	220
2	180	100	80

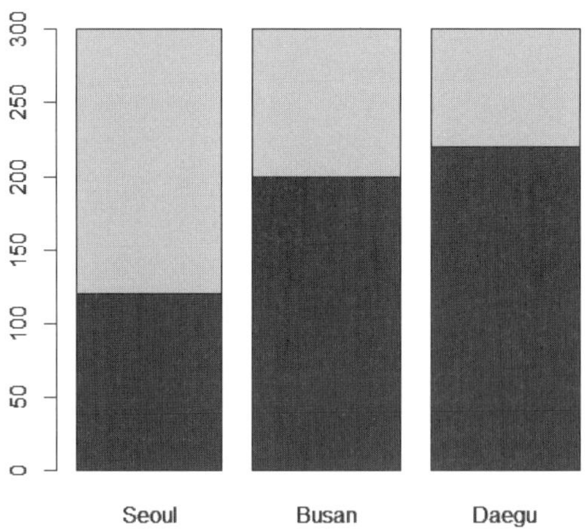

pie( ) 함수는 데이터의 비율을 원반 형태의 그래프로 그려준다. 데이터는 벡터를 사용한다.

```
z <- c(100,200,120,40,20)
names(z) <- c("A","B","C","D","F")
pie(z)
```

➡ 아래와 같이 pie( ) 함수는 학점의 비율 그래프를 보여준다.

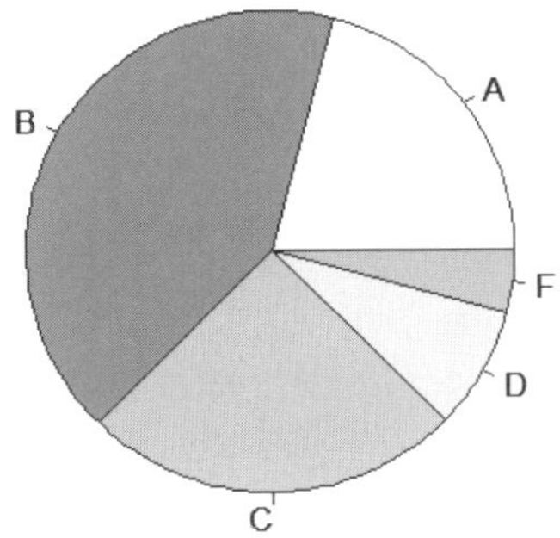

iris 데이터에서 Sepal.Width의 [최솟값~최댓값]을 10개의 구간으로 나누어서 구간별 비율에 대한 파이그래프를 그리는 코드는 다음과 같다.

```
f <- cut(iris$Sepal.Width,breaks=10)
t <- table(f)
pie(t)
```

➡ f변수는 구간데이터이고, t변수는 구간의 빈도수를 나타낸다.

```
Console  Terminal ×  Jobs ×
F:/
> head(f)
[1] (3.44,3.68] (2.96,3.2]  (2.96,3.2]  (2.96,3.2]  (3.44,3.68] (3.68,3.92]
10 Levels: (2,2.24] (2.24,2.48] (2.48,2.72] (2.72,2.96] (2.96,3.2] ... (4.16,4.4]
> t
f
   (2,2.24] (2.24,2.48] (2.48,2.72] (2.72,2.96]  (2.96,3.2]  (3.2,3.44] (3.44,3.68]
          4           7          22          24          50          18          10
(3.68,3.92] (3.92,4.16]  (4.16,4.4]
         11           2           2
```

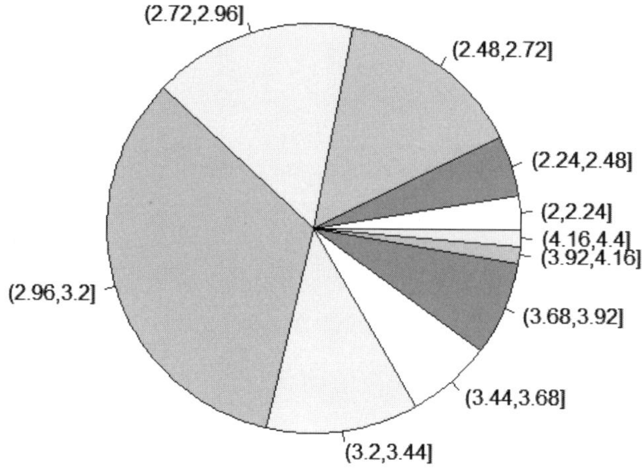

Sepal.Width는 [2.96~3.2]에 해당하는 구간에 많은 빈도수를 보여준다.

5 프로그래밍

데이터 분석이 여러 개의 절차를 가지는 경우, R Script창을 이용하여 데이터 분석 절차를 작성할 수 있다. 아래와 같은 순서로 진행한다.

① R 메뉴에서 File → New File → R Script를 선택하면 위쪽에 코딩창이 생긴다.
② 코딩창에 분석 내용을 입력한다.
③ 실행할 코드를 마우스로 선택하고 Ctrl+Enter를 누르면 다음과 같이 실행된다.

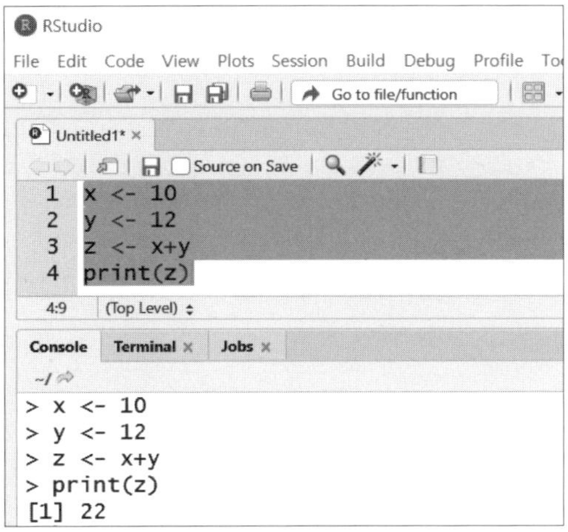

1) 조건문

```
score <- 70
if(score >=80)
{
  print("pass")
} else
{
  print("fail")
}
```

➡ score 점수에 따라 pass 혹은 fail을 출력한다.

2) 반복문

```
for (i in 1:6)
{
  print(i)
}
```

➡ i를 1부터 6까지 반복해서 출력한다.

```
i <- 1
while (i <= 6)
{
  print(i)
  i <- i+1
}
```

➡ while (조건)이 만족될 때까지 반복한다.

```
i <- 1
repeat
{
  print(i)
  i <- i+1
  if(i>6) break
}
```

➡ i를 1부터 6까지 반복해서 출력한다. break를 만나면 반복을 중지한다.

```
i <- 0
while(i<=6)
{
  i <- i+1
  if(i%%2!=0) { next }
  print(i)
}
```

➡ i를 1부터 6까지 반복해서 출력한다. i가 홀수이면 print( )를 실행하지 않는다. next를 만나면 아래 내용을 실행하지 않고 반복을 다시 시작한다.

반복문을 사용하면 실행시간이 느려진다. R의 장점을 잘 이용하기 위해서는 반복문보다는 벡터 연산을 사용하는 것이 좋다.

x데이터를 체크해서 짝수 및 홀수를 표시하는 y데이터를 생성하는 코드를 생각해보자. 반복문(for)을 이용하여 다음과 같이 작성할 수 있다.

```
x <- c(4,7,8,12,15,16)
y <- rep('.',6)
for(i in 1:6)
{
  if(x[i]%%2==0) {y[i] <- '짝'}
  else      {y[i] <- '홀'}
}
```

위 코드는 벡터 연산을 사용하는 ifelse( )를 사용하면 아래와 같이 표현할 수 있다.

```
x <- c(4,7,8,12,15,16)
y <- ifelse(x%%2==0,'짝','홀')
```

위 두 코드는 동일하게 다음과 같이 y데이터를 생성한다.

```
> y
[1] "짝" "홀" "짝" "짝" "홀" "짝"
> |
```

3) 함수 정의

복잡한 데이터 분석을 여러 개의 함수로 정의하면 쉽게 이해할 수 있고 관리하기 쉽다. 새로운 함수를 정의하는 방법은 다음과 같다.

```
my2max <- function (x,y)
{
  if (x > y) {return (x)}
  else    {return (y)}
}
z <- my2max(12,45)
print(z)
```

➡ 두 수를 받아서 큰 값을 반환해주는 my2max라는 함수를 정의하고 사용하였다.

```
myNmax <- function (...)
{
  args <- list(...)
  m <- 0
  for(x in args)
  {
    if(x > m) {m <- x}
  }
  return (m)
}
z <- myNmax(12,45,34,78)
print(z)
```

➡ 임의의 길이 데이터를 받아서 큰 값을 반환해주는 myNmax라는 함수를 정의하고 사용하였다.

```
f <- function(x)
{
  x$score <- x$score+10
  return(x)
}
a <- data.frame(title=c('a','b','c'),score=c(10,20,30))
a <- f(a)
```

➡ 데이터프레임에서 score변수의 값에 모두 10을 더하는 함수를 정의하고 사용하는 코드이다. 단순히 f(a)를 실행한다고 a의 score 점수가 바뀌지는 않는다. 항상 <- 연산을 통해 결과값을 다시 a에 재정의하는 작업을 해주어야 한다.

함수를 사용할 때 동일한 변수이름을 주의해서 사용해야 한다. 함수 내에서 사용되는 변수를 지역변수(local variable)라고 한다. 이는 밖에서 사용되는 전역변수(global variable)와는 다르다. 아래 코드처럼 n에 100을 입력하고 f( )를 실행하면 결과는 1이 나온다. 함수 내의 n이 사용되었기 때문이다.

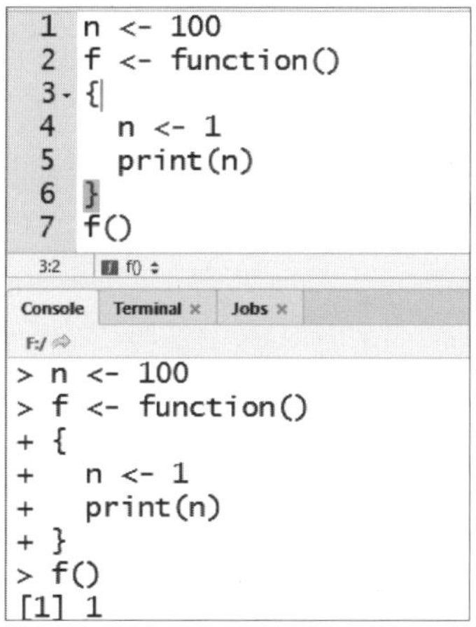

3장

그래프 분석

1 복지데이터 준비하기
2 차이분석 (막대그래프)
3 추세분석 (선그래프)
4 다중분석 (다중막대그래프)

수치데이터를 그래프로 보면 데이터 윤곽을 파악할 수 있고, 분석 방법 선택에 대한 통찰력을 얻을 수 있다. 그래프 분석은 개략적인 분석에 사용되며, 시각화 분석이라는 용어로 불리기도 한다. 본서에서는 복지데이터를 이용하여 실제적인 그래프 분석을 진행해보도록 하겠다.

1 복지데이터 준비하기

1) 데이터 불러오기

아래 사이트에서 회원가입 후 데이터를 다운로드한다.
https://www.koweps.re.kr:442/data/data/list.do

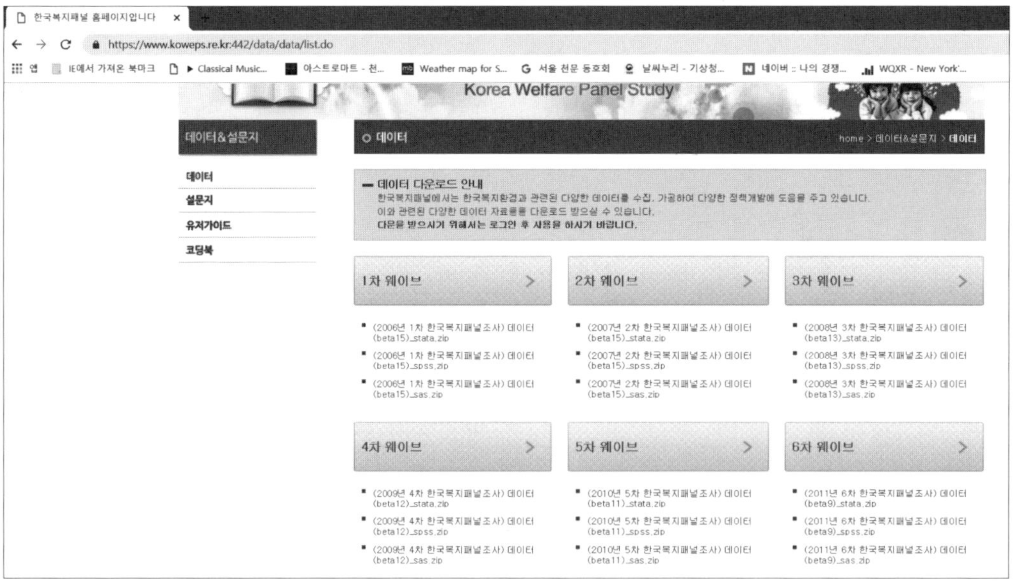

제공되는 데이터를 R에서 읽기 위해서는 통계패키지 데이터 파일 입출력 기능을 제공하는 foreign 패키지를 설치해야 한다.

```
install.packages("foreign")
library(foreign)
```

➡ foreign(통계패키지 데이터 읽어오기 기능) 패키지 설치 및 불러오기

아래 코드를 이용하여 다운로드한 데이터 파일을 R에서 읽어온다.

```
raw
 <- read.spss(file = "Koweps_hpda12_2017_beta1.sav"
              ,to.data.frame = T)
View(raw)
```

➡ 데이터 불러오고 살펴보기

	h12_id 가구 패널 ID(h12_id)	h12_ind 가구생성차수(h12_ind)	h12_sn 가구분리일련번호(h12_sn)	h12_merkey 패널간 가구머지 키변수(h12_merkey)	h_new 7차 추가표본(1,800가구) 구분(h_n
1	1	1	1	10101	0
2	2	1	1	20101	0
3	3	1	1	30101	0
4	4	1	1	40101	0
5	4	1	1	40101	0
6	6	1	1	60101	0
7	6	1	1	60101	0
8	6	1	1	60101	0
9	6	1	1	60101	0
10	6	1	1	60101	0
11	8	1	1	80101	0
12	10	1	1	100101	0
13	10	1	1	100101	0
14	12	1	1	120101	0

2) 데이터 전처리

아래 코드를 이용하여 필요한 변수만 추출하고 변수이름을 알기 쉬운 용어로 변경한다.

```
colnames <- c("h12_g3", "h12_g4", "h12_g10",
              "h12_g11","h12_cin","h12_eco9","h12_reg7")
d <- raw[,colnames]
newnames <- c("sex", "birth", "marriage",
              "religion","income","code_job","code_region")
colnames(d) <- newnames
View(d)
```

➡ 성별(sex), 출생연도(birth), 혼인상태(marriage), 종교(religion), 경상소득(income), 직종코드(code_job), 7개 권역별 지역구분(code_region)
데이터 d는 아래와 같이 생성된다.

Filter

	sex	birth	marriage	religion	income	code_job	code_region
1	2	1936	2	2	1643	NA	1
2	2	1945	2	2	1304	NA	1
3	1	1948	2	2	978	NA	1
4	1	1942	3	1	4232	762	1
5	2	1923	2	1	4232	NA	1
6	1	1962	1	1	5921	530	1
7	2	1963	1	1	5921	NA	1
8	2	2003	0	1	5921	NA	1
9	1	1927	1	1	5921	NA	1
10	2	1934	1	1	5921	NA	1
11	2	1940	2	1	1011	999	2
12	2	1970	3	1	2172	NA	1
13	2	1992	5	1	2172	NA	1
14	1	1940	1	2	1679	NA	1

2 차이분석 (막대그래프)

1) 성별에 따른 경상소득 차이분석

아래와 같은 순서로 분석 절차를 진행한다.

```
table(is.na(d$sex))
d <- d[!is.na(d$sex),]
```

➡ NA 데이터가 있는지 확인하고, NA가 아닌 행데이터만 사용한다.

```
d$sex <- ifelse(d$sex == 1, "male", "female")
```

➡ 숫자 데이터를 성별이름으로 바꾸기

```
table_sex <- table(d$sex)
barplot(table_sex,ylab='count')
```

➡ 성별 빈도수 그래프 그리기

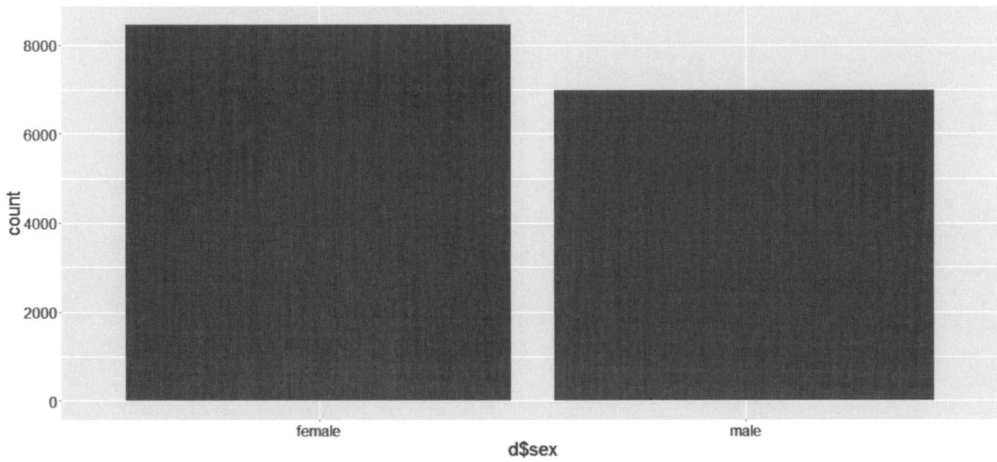

ggplot2 패키지를 활용하면 좀 더 편리하게 그래프 분석을 수행할 수 있다.

```
install.packages("ggplot2")
library(ggplot2)
theme_update(text = element_text(size=20)) # 그래프 폰트크기 키우기
```

➡ 시각화 라이브러리 설치 및 불러오기 (좀 더 진보된 라이브러리임)

qplot( )을 사용하면 위 예제처럼 table( ) 함수를 사용하지 않아도 빈도분석을 자동으로 진행하여 그래프 분석을 해준다.

```
qplot(d$sex,ylab="count")
```

➡ qplot( )을 이용한 성별 빈도수 그래프 그리기

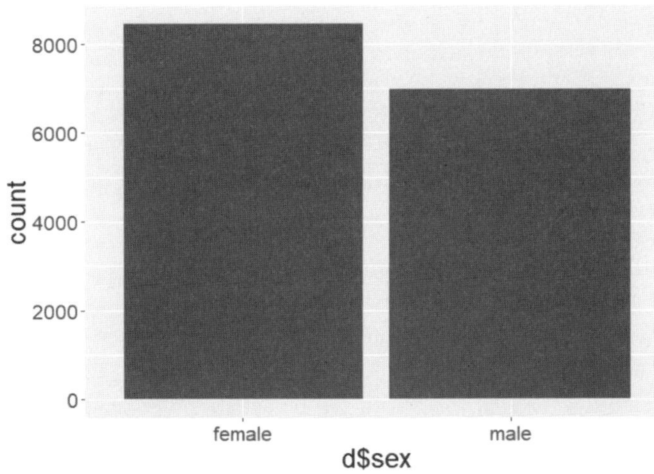

성별 경상소득의 차이를 분석하기 위해서 d$income 데이터를 체크한다.

```
summary(d$income)
table(is.na(d$income)
d <- d[!is.na(d$income),]
```

➡ 경상소득 데이터를 검토한다. 평균은 5,000만원, 최댓값은 1억 2,000만원 정도인 것을 알 수 있다. 최솟값은 음수로 1억 1,000만원까지 존재한다.

```
  Min.  1st Qu.  Median  Mean  3rd Qu.    Max.
-11017     2176    4513  5255     7092  127763
```

또한 NA 데이터를 필터링해준다.

qplot( )을 이용하여 경상소득의 빈도수를 막대그래프로 분석할 수 있다.

```
qplot(d$income,xlim=c(0,40000))
혹은 qplot(d$income) + xlim(0,40000)
```

➡ 경상소득별 빈도도 그래프 그리기 (단위는 만원)
xlim 옵션은 x축의 최솟값, 최댓값을 지정할 수 있다.

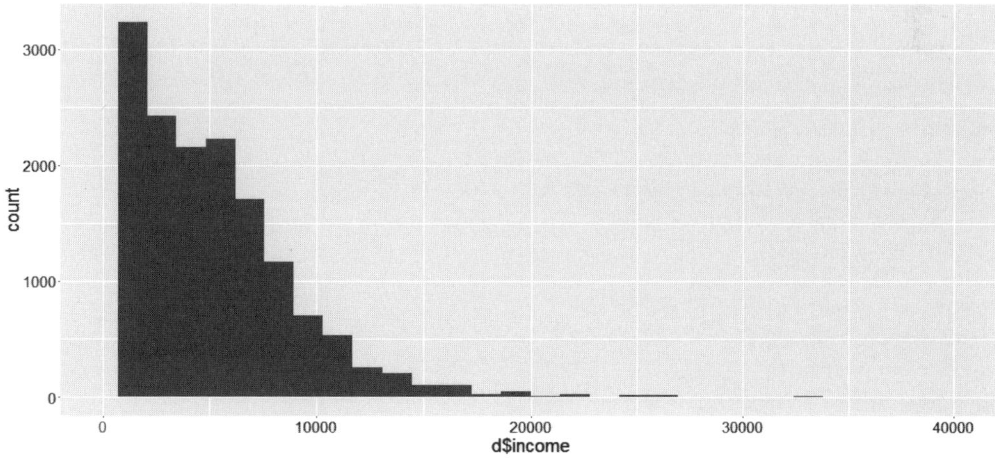

tapply( )를 이용하여 성별 경상소득의 평균을 구하고 막대그래프를 그린다.

```
a <- tapply(d$income, d$sex,mean)
barplot(a,ylab="average_income")
```

➡ 성별 경상소득 막대그래프 그리기, 남성이 약간 높게 나온다.

2) 나이에 따른 경상소득 차이분석

나이를 알기 위해서는 birth 변수를 활용할 수 있다.

```
summary(d$birth)
```

➡ 태어난 연도 데이터 검토

```
Min.  1st Qu.  Median  Mean  3rd Qu.  Max.
1907   1947     1967   1968   1989    2016
```

```
qplot(d$birth)
```

➡ 태어난 연도별 데이터 빈도 그래프 그리기

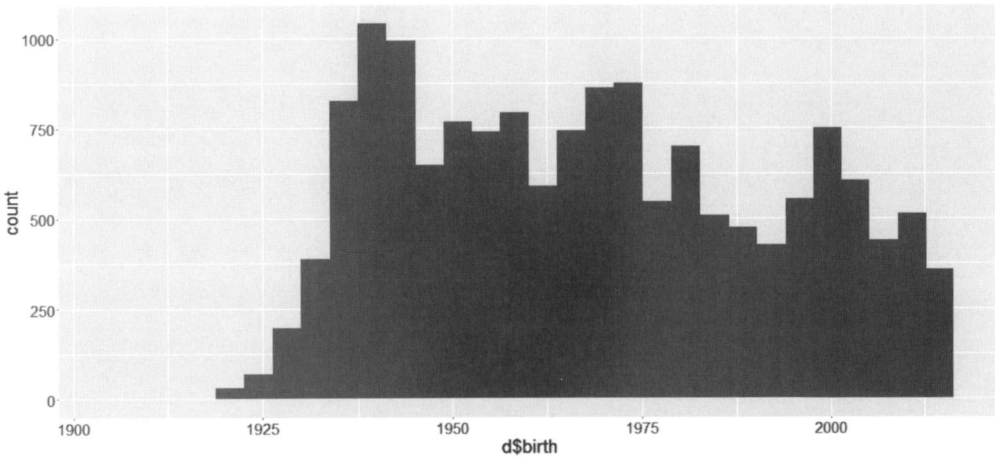

결측치를 확인하고 나이 데이터를 생성한다.

```
table(is.na(d$birth))
d <- d[!is.na(d$birth),]
d$age <- 2020-d$birth+1
```

➡ 결측치를 제거하고, 현재년도-출생년도+1 형식으로 나이 변수를 생성한다.

```
qplot(d$age)
```

➡ 나이별 데이터 수 그래프 그리기

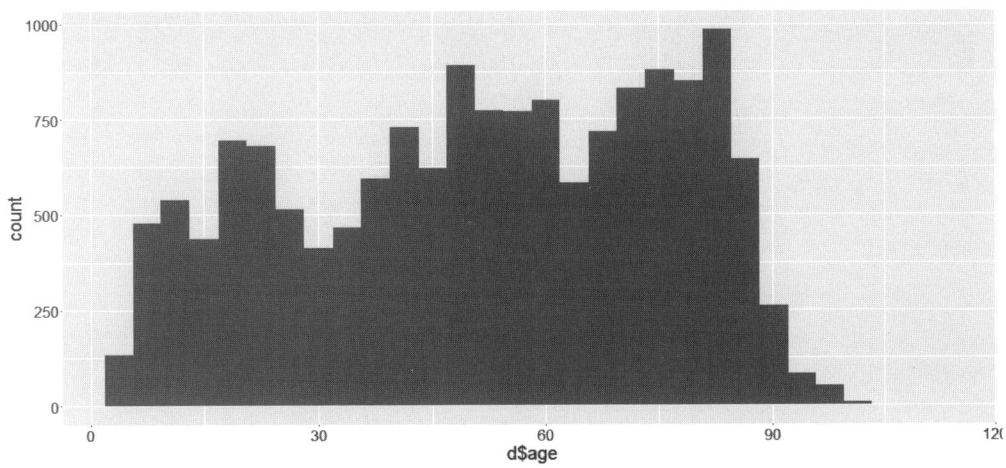

나이별 경상소득의 평균을 구하기 위해서 tapply( )를 사용한다.

```
age_income <- tapply(d$income,d$age,mean)
barplot(age_income,xlab="age",ylab="average_income")
```

➡ 나이에 따른 경상소득의 평균을 구하고 그래프를 생성한다.

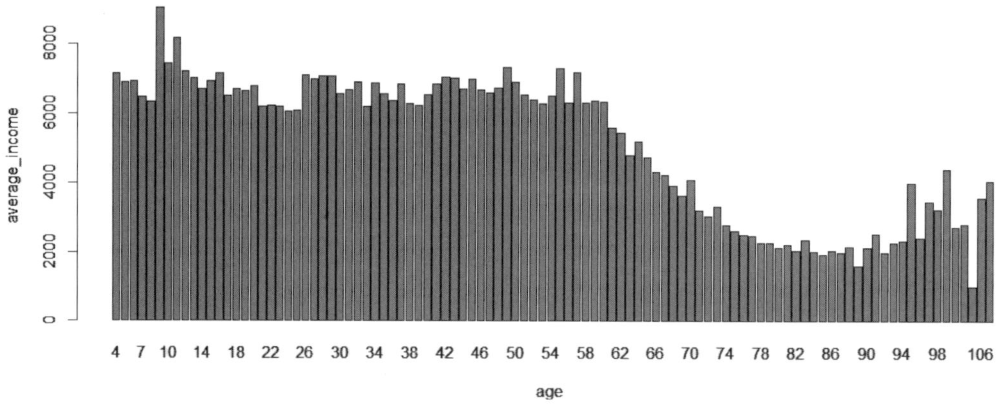

3) 연령대별 경상소득 차이분석

청년(young), 중년(middle), 노년(old) 형식으로 연령대를 만들고 경상소득의 차이분석을 해본다.

```
d$ageL <- ifelse(d$age<30,"1.young",ifelse(d$age<=59,"2.middle","3.old"))
qplot(d$ageL)
```

➡ 연령대별 빈도 그래프 그리기

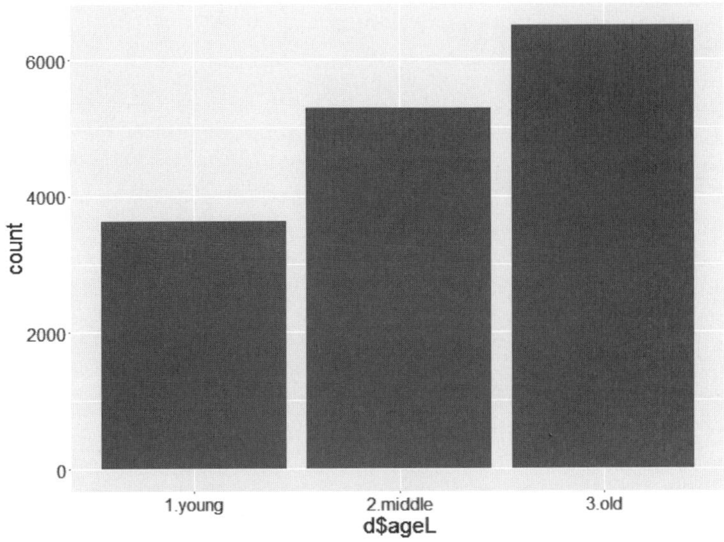


```
ageL_income <- tapply(d$income,d$ageL,mean)
barplot(ageL_income,xlab="age",ylab="average_income")
```

➡ 연령대별 경상소득 그래프 만들기

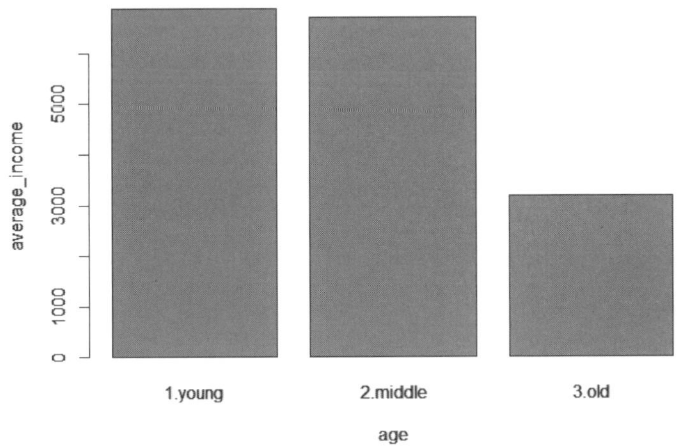

3 추세분석 (선그래프)

1) 연령대별 경상소득 남녀 비교분석

aggregate( ) 함수는 변수들의 조합을 만들고 특정 변수의 분석값을 생성하는 함수이다. 사용형식은 아래와 같다.

```
aggregate(분석할 변수 ~ 변수1+변수2, 데이터이름, 분석함수)
```

```
ageL_sex_income <- aggregate(d$income ~ d$ageL+d$sex,d,mean)
names(ageL_sex_income) <- c("age","sex","income")
```

➡ 위 명령문의 의미는 데이터 d를 가지고 ageL과 sex의 조합그룹을 만들어 각 그룹의 income의 평균(mean)을 구하는 것이다. 실제 ageL_sex_income 데이터는 아래와 같이 생성된다.

	age	sex	income
1	1.young	female	6763.206
2	2.middle	female	6781.824
3	3.old	female	2824.836
4	1.young	male	6985.168
5	2.middle	male	6613.841
6	3.old	male	3699.780

연령대/성별의 경상소득을 다중 막대그래프로 표현하기 위해서 ggplot( ) 함수를 사용할 수 있다. 사용법은 아래와 같다. 다양한 옵션을 '+'로 연결하여 사용할 수 있다.

```
ggplot(데이터, aes(x축 데이터이름, y축 데이터이름, 다중 표시할 데이터이름))
```

```
ggplot(ageL_sex_income, aes(x=age, y=income, fill = sex))
+ geom_bar(stat="identity", position = "dodge")
```

➡ geom_bar는 막대그래프를 그리는 옵션이며, stat는 데이터의 표시속성을 설정하는 옵션이다. identity는 값 자체를 막대바로 표시하는 옵션이며, count는 해당 그룹의 개수를 표시하는 옵션이다.

➡ position은 막대그래프 배치 옵션이며, dodge는 멀티데이터이므로 겹치지 않도록 옆으로 그래프를 그려주는 옵션이다.

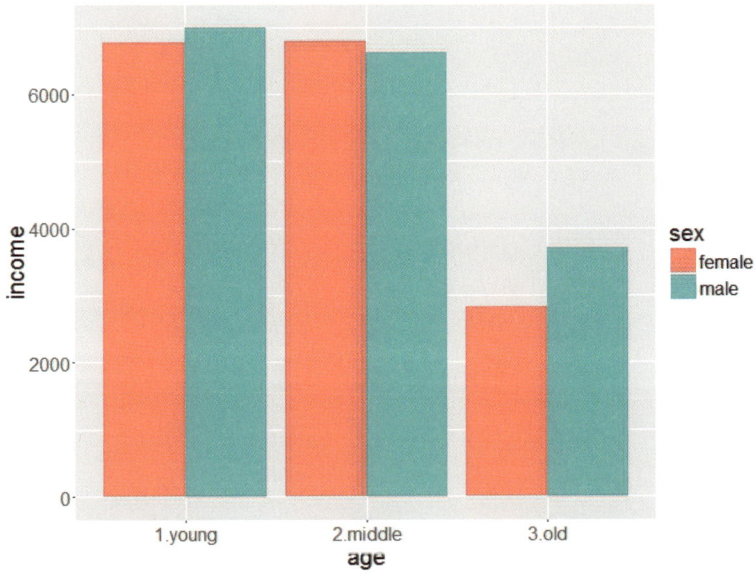

2) 나이별 경상소득 남녀 비교분석

```
age_sex_income <- aggregate(d$income ~ d$age+d$sex,d,mean)
names(age_sex_income) <- c("age","sex","income")
```

➡ 위 명령문의 의미는 데이터 d를 가지고 age와 sex로 그룹을 만들어 각 그룹의 income의 평균(mean)을 구하는 것이다.

나이별 경상소득의 남녀차이를 분석하기 위해서 아래와 같은 선그래프를 이용하여 추세분석을 할 수 있다. 그래프를 보면 60대 이전까지 남녀 차이가 없다가 60대 이후에 경상소득이 급격히 감소하고 남성이 조금 많은 경상소득을 보이는 것을 확인할 수 있다.

```
ggplot(data = age_sex_income, aes(x = age, y = income, col = sex))
+ geom_line()
```

➡ geom_line은 선그래프를 그리는 옵션이다.

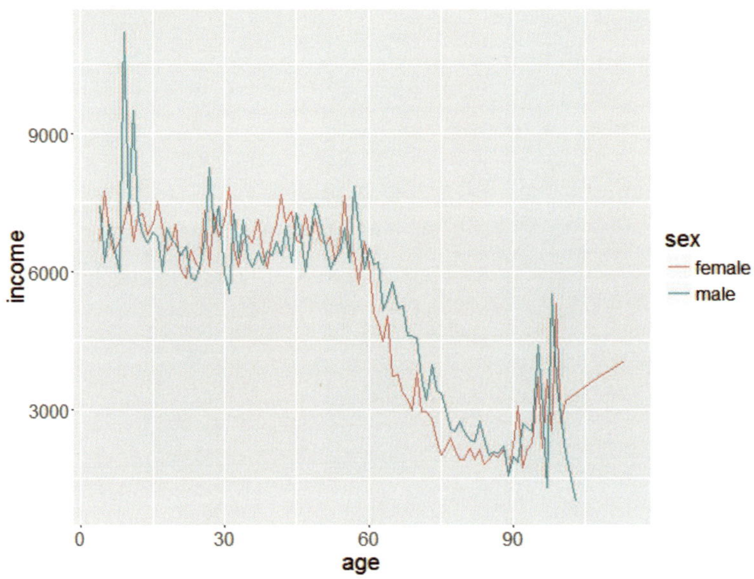

3) 나이별 외래진료횟수 남녀 비교분석

원데이터에서 열 h12_med3은 1년간 의료기관 외래진료횟수이다. 나이별 진료횟수 평균을 성별로 2개의 라인으로 나누어 그래프를 그려보자.

```
library(foreign)
raw <-
read.spss(file = "Koweps_hpda12_2017_beta1.sav", to.data.frame = T)
```

➡ sav 데이터 파일을 읽어서 raw변수에 저장한다.

```
colnames <- c("h12_g3", "h12_g4", "h12_med3")
d <- raw[,colnames]
```

➡ 필요한 변수(성별, 출생년도, 외래진료횟수)만 추출한다.

```
newnames <- c("sex", "birth", "mvisit")
colnames(d) <- newnames
```

➡ 변수이름을 알기 쉽게 변경한다.

```
d$sex <- ifelse(d$sex == 1, "male", "female")
```

➡ 숫자로 되어 있는 성별 정보를 보기 쉽게 male과 female로 변경한다.

```
d$age <- 2020-d$birth+1
```

➡ 출생년도 데이터를 이용하여 나이 데이터 변수를 생성한다.

```
age_sex_mvisit <- aggregate(d$mvisit ~ d$age+d$sex,d,mean)
names(age_sex_mvisit) <- c("age","sex","mvisit")
```

➡ 나이와 성별에 따른 외래진료횟수의 평균을 구하여 age_sex_mvisit 변수를 생성하고 열에 이름을 바꾼다.

```
library(ggplot2)
theme_update(text = element_text(size=20))
ggplot(data = age_sex_mvisit, aes(x = age, y = mvisit, col = sex)) + geom_line()
```

➡ 다음과 같은 선그래프를 그린다. theme_update( )는 그래프 속성을 변경할 때 사용하는 함수이다. 그래프에 표시되는 텍스트 사이즈를 20으로 설정했다.

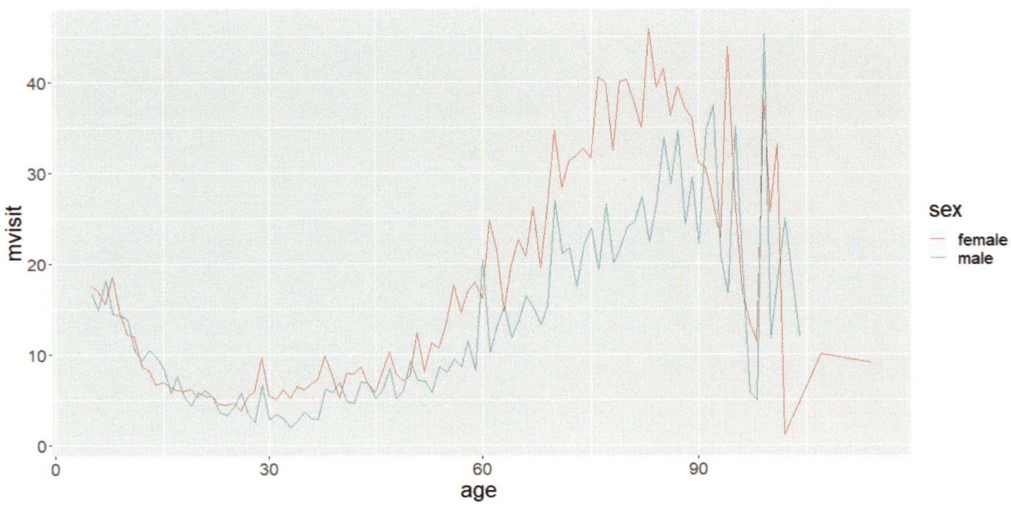

50대 이후부터 외래진료횟수가 상승하며, 남성보다 여성의 횟수가 더 커지는 것을 그래프를 통해 확인할 수 있다.

4 다중분석 (다중막대그래프)

1) 지역별 연령대 분포 분석

한국복지패널 홈페이지(www.koweps.re.kr:442/)에서 데이터 코딩북을 다운로드하여 지역코드를 추출할 수 있다. 조사설계서.zip 압축파일을 풀면 "(20**년 **차 한국복지패널 조사) 조사설계서-가구용(beta2).xlsx" 형식의 파일에서 다양한 코드 관련 내용을 참고할 수 있다.

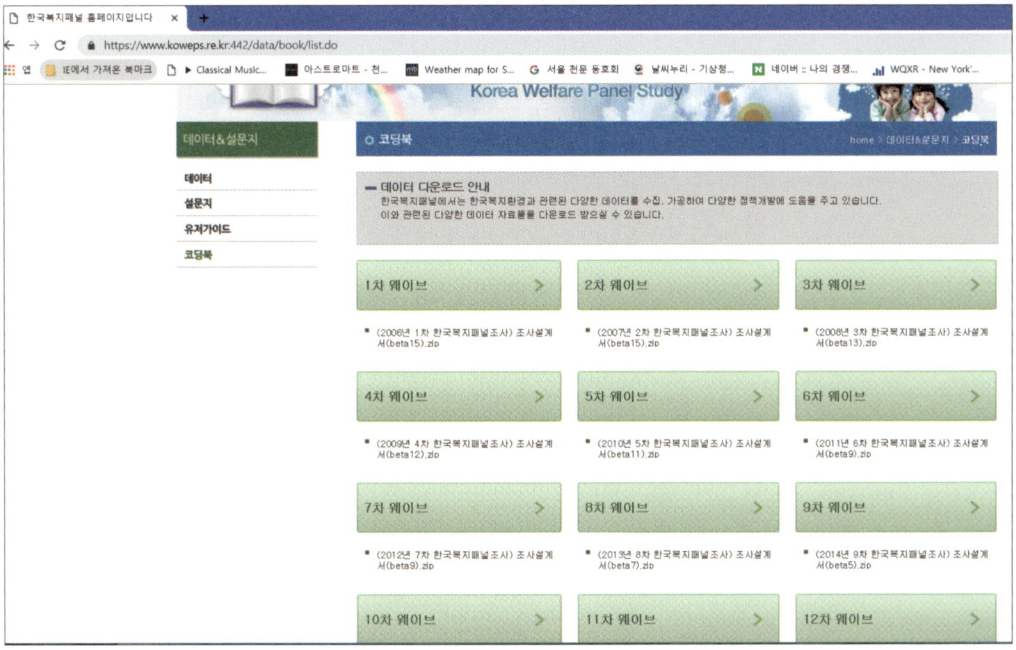

1	변수명	S	용	신	구분	변수설명	문항내용	Range
2	h12_id		표지	표지	가구식별 변수	가구 패널 ID	1차년도 조사대상 가구에 부여된 패널 ID	N
3	h12_ind		활용변수	활용변수		가구생성차수	1차 생성가구:1, 2차 생성가구:2, 3차 생성가구:3, …	N
4	h12_sn					가구분리일련번호	첫번째 신규가구: 1, 두번째 신규가구:2, …	N
5	h12_merkey					패널간 가구머지 키변수	가구 패널 ID + 가구생성차수 + 가구분리일련번호	N
6	h_new		-	-	추가패널 식별변수	7차 추가표본(1,800가구) 구분	0. 기존패널가구 1. 추가패널가구	N(0~1)
7	h12_cobf		-	표지	표지	분가사유	1.결혼 2.직장 3.학업 4.이혼 5.별거 6.위탁 7.기타	N(1~7)
8	h12_ws		활용변수	활용변수	활용변수	표준 가중치(표본관리) - 횡단면 데이터 및 1,2,3,4,5,6,7,8,9,10,11,12차	소수점 10자리	
9	h12_wg					일반 가중치(모집단용) - 횡단면 데이터 및 1,2,3,4,5,6,7,8,9,10,11,12차	소수점 10자리	
10	h12_reg5					5개 권역별 지역구분	1. 서울 2.광역시 3.시 4.군 5.도농복합군	N(1~5)
11	h12_reg7					7개 권역별 지역구분	1. 서울 2. 수도권(인천/경기) 3. 부산/경남/울산 4.대구/경북 5. 대전/충남 6. 강원/충북 7.광주/전남/전북/제주도	N(1~7)
12	h12_din					가처분소득	소수점 4자리(단위: 만원)	N
13	h12_cin					경상소득	소수점 4자리(단위: 만원)	N
14	h12_flag					가처분소득 및 경상소득 - Imputation 여부	0. 대체법 미적용 1. 대체법 적용	N
15	h12_hc					균등화소득에 따른 가구구분 (공공부조 이전의 균등화 경상소득의 중위 60% 기준)	1. 일반가구 2. 저소득층 가구	N

h12_reg7은 7개 권역별 지역코드로 표현된다. 현재 d데이터에는 code_region으로 변수이름이 변경되어 있다. 다음과 같은 regioncode.csv 파일을 만들고 d데이터와 조인하여 dd데이터를 생성한다.

regioncode.csv

파일(F) 편집(E) 서식(O) 보기(V) 도움말(H)

```
code,region_name
1,"서울"
2,"수도권(인천/경기)"
3,"부산/경남/울산"
4,"대구/경북"
5,"대전/충남"
6,"강원/충북"
7,"광주/전남/전북/제주도"
```

```
dd <- inner_join(d,region_name,by=c('code_region'='code'))
```

➡ 원데이터에 지역명 열 넣어주기, 지역명이 없는 데이터는 고려하지 않도록 inner_join을 사용한다. 데이터 dd는 아래와 같이 생성된다.

Filter

	sex	birth	marriage	religion	income	code_job	code_region	age	ageL	region_name
1	2	1936	2	2	1643	NA	1	84	3.old	서울
2	2	1945	2	2	1304	NA	1	75	3.old	서울
3	1	1948	2	2	978	NA	1	72	3.old	서울
4	1	1942	3	1	4232	762	1	78	3.old	서울
5	2	1923	2	1	4232	NA	1	97	3.old	서울
6	1	1962	1	1	5921	530	1	58	2.middle	서울
7	2	1963	1	1	5921	NA	1	57	2.middle	서울
8	2	2003	0	1	5921	NA	1	17	1.young	서울
9	1	1927	1	1	5921	NA	1	93	3.old	서울
10	2	1934	1	1	5921	NA	1	86	3.old	서울
11	2	1940	2	1	1011	999	2	80	3.old	수도권(인천/경기)
12	2	1970	3	1	2172	NA	1	50	2.middle	서울

aggregate( ) 함수를 이용하여 지역별/연령대별 데이터 개수(사람수)를 생성한다.

```
region_ageL_count <-
 aggregate(dd$income ~ dd$ageL+dd$region_name,dd,length)
names(region_ageL_count) <- c('age','region','count')
```

➡ 지역별 연령대별 데이터 수를 생성하고 열의 이름을 바꿔준다. 생성된 결과는 다음과 같다. aggregate( )에서 분석함수를 length( )로 사용하였으므로 income의 데이터 개수(사람수)를 생성한다.

	age	region	count
1	1.young	강원/충북	261
2	2.middle	강원/충북	365
3	3.old	강원/충북	554
4	1.young	광주/전남/전북/제주도	621
5	2.middle	광주/전남/전북/제주도	870
6	3.old	광주/전남/전북/제주도	1258
7	1.young	대구/경북	376
8	2.middle	대구/경북	551
9	3.old	대구/경북	947
10	1.young	대전/충남	331

지역별 연령대 비율을 계산하기 위하여 지역별 총 사람수를 구하여 분모로 사용한다.

```
region_count <- aggregate(dd$income ~ dd$region_name,dd,length)
names(region_count) <- c('region','count')
```

➡ 지역별 총 데이터 수를 구하고 열이름을 바꿔준다. 생성된 데이터는 아래와 같다.

	region	count
1	강원/충북	1180
2	광주/전남/전북/제주도	2749
3	대구/경북	1874
4	대전/충남	1355
5	부산/경남/울산	2564
6	서울	2208
7	수도권(인천/경기)	3492

아래 코드를 사용하여 지역별 총 데이터 수를 저장하는 벡터를 생성한다.

```
region_total <- region_count$count
names(region_total) <- region_count$region
```

➡ 지역별 총 개수를 구하고, 행이름을 바꿔준다. 생성된 벡터는 아래와 같다.

	V1
1	1180
2	2749
3	1874
4	1355
5	2564
6	2208
7	3492

➡

	V1
강원/충북	1180
광주/전남/전북/제주도	2749
대구/경북	1874
대전/충남	1355
부산/경남/울산	2564
서울	2208
수도권(인천/경기)	3492

region_ageL_count 데이터프레임에 비율을 저장하는 변수 r을 생성한다. count를 지역의 총데이터 수로 나누어야 하기 때문에 region 이름을 활용하여 region_total 벡터에서 지역의 총 데이터 수를 가져온다.

```
region_ageL_count$r
 <- region_ageL_count$count/region_total[region_ageL_count$region]
```

➡ 지역별 연령대 비율 구하기. 생성된 데이터는 다음과 같다.

	age	region	count	r
1	1.young	강원/충북	261	0.2211864
2	2.middle	강원/충북	365	0.3093220
3	3.old	강원/충북	554	0.4694915
4	1.young	광주/전남/전북/제주도	621	0.2259003
5	2.middle	광주/전남/전북/제주도	870	0.3164787
6	3.old	광주/전남/전북/제주도	1258	0.4576210
7	1.young	대구/경북	376	0.2006403
8	2.middle	대구/경북	551	0.2940235
9	3.old	대구/경북	947	0.5053362
10	1.young	대전/충남	331	0.2442804

ggplot( ) 을 이용하여 지역별 연령대 분포를 그래프로 표현한다.

```
ggplot(data=region_ageL_count, aes(x=region, y=r, fill=age))
 +geom_bar(stat="identity") +coord_flip()
```

➡ 지역별 연령대 비율 그래프 만들기. coord_flip( ) 옵션은 그래프의 x, y 좌표 방향을 바꾸는 옵션이다.

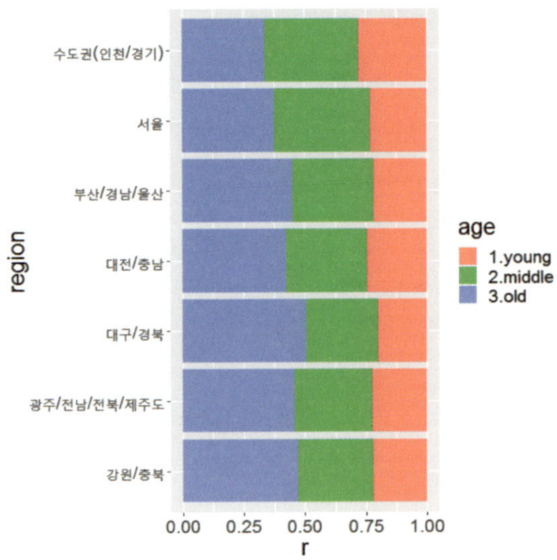

2) 직업별 경상소득 차이분석

한국복지패널 홈페이지에서 데이터 코딩북을 다운로드하여 직업코드를 추출할 수 있다. 조사설계서.zip 압축파일을 풀면 "(20**년 **차 한국복지패널조사) 조사설계서-가구용(beta2).xlsx" 형식의 파일에서 직업코드 관련 내용을 참조할 수 있다.

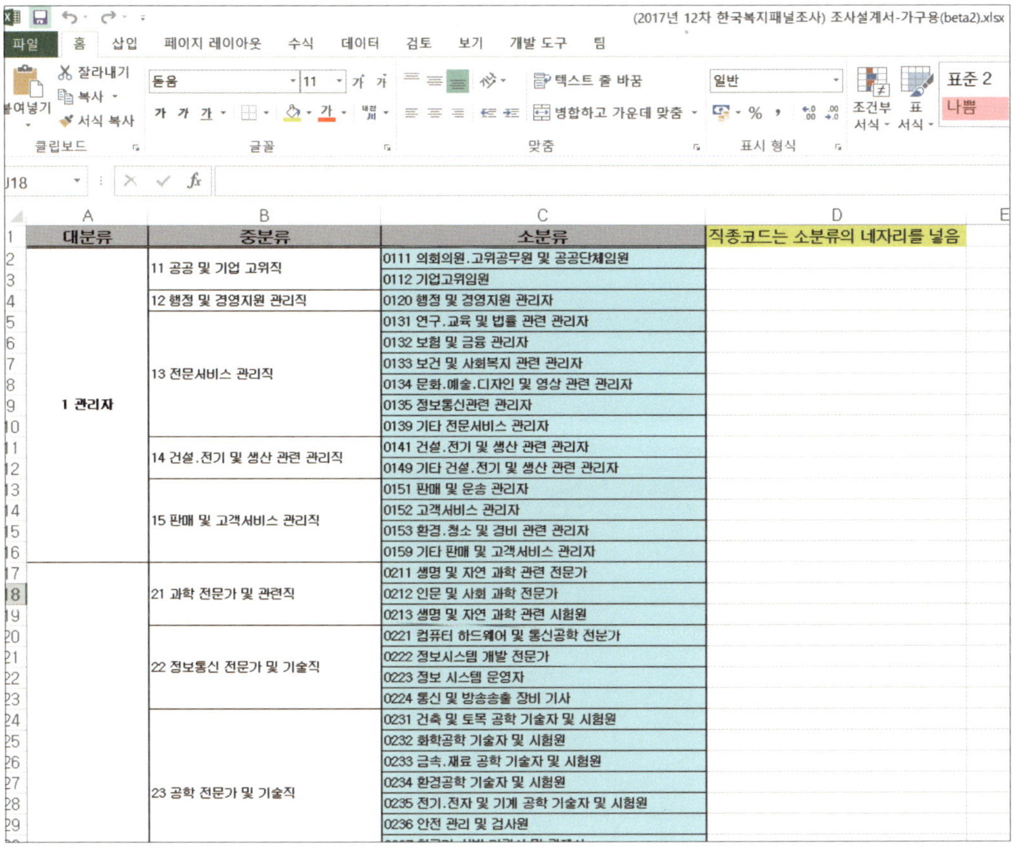

	A	B	C	D
1	대분류	중분류	소분류	직종코드는 소분류의 네자리를 넣음
2	1 관리자	11 공공 및 기업 고위직	0111 의회의원.고위공무원 및 공공단체임원	
3			0112 기업고위임원	
4		12 행정 및 경영지원 관리직	0120 행정 및 경영지원 관리자	
5		13 전문서비스 관리직	0131 연구.교육 및 법률 관련 관리자	
6			0132 보험 및 금융 관리자	
7			0133 보건 및 사회복지 관련 관리자	
8			0134 문화.예술.디자인 및 영상 관련 관리자	
9			0135 정보통신관련 관리자	
10			0139 기타 전문서비스 관리자	
11		14 건설.전기 및 생산 관련 관리직	0141 건설.전기 및 생산 관련 관리자	
12			0149 기타 건설.전기 및 생산 관련 관리자	
13		15 판매 및 고객서비스 관리직	0151 판매 및 운송 관리자	
14			0152 고객서비스 관리자	
15			0153 환경.청소 및 경비 관련 관리자	
16			0159 기타 판매 및 고객서비스 관리자	
17		21 과학 전문가 및 관련직	0211 생명 및 자연 과학 관련 전문가	
18			0212 인문 및 사회 과학 전문가	
19			0213 생명 및 자연 과학 관련 시험원	
20		22 정보통신 전문가 및 기술직	0221 컴퓨터 하드웨어 및 통신공학 전문가	
21			0222 정보시스템 개발 전문가	
22			0223 정보 시스템 운영자	
23			0224 통신 및 방송송출 장비 기사	
24		23 공학 전문가 및 기술직	0231 건축 및 토목 공학 기술자 및 시험원	
25			0232 화학공학 기술자 및 시험원	
26			0233 금속.재료 공학 기술자 및 시험원	
27			0234 환경공학 기술자 및 시험원	
28			0235 전기.전자 및 기계 공학 기술자 및 시험원	
29			0236 안전 관리 및 검사원	

아래와 같이 직업코드를 저장하는 jobcode.csv 파일을 만든 후 데이터 d와 조인하여 직업코드가 추가된 dd 데이터를 생성한다.

jobcode.csv - 메모장

파일(F) 편집(E) 서식(O) 보기(V) 도움말(H)

```
code,job_name
111,"의회의원.고위공무원 및 공공단체임원"
112,"기업고위임원"
120,"행정 및 경영지원 관리자"
131,"연구.교육 및 법률 관련 관리자"
132,"보험 및 금융 관리자"
133,"보건 및 사회복지 관련 관리자"
134,"문화.예술.디자인 및 영상 관련 관리자"
135,"정보통신관련 관리자"
139,"기타 전문서비스 관리자"
141,"건설.전기 및 생산 관련 관리자"
149,"기타 건설.전기 및 생산 관련 관리자"
```

```
job_name <- read.csv("jobcode.csv")
dd <- inner_join(d,job_name,by=c('code_job'='code'))
```

➡ 원데이터에 직업명 열 넣어주기. 직업명이 없는 데이터는 고려하지 않도록 inner_join을 사용한다. 데이터 dd는 아래와 같이 생성된다.

Filter

	sex	birth	marriage	religion	income	code_job	code_region	job_name
1	1	1986	1	2	8358	111	5	의회의원?고위공무원 및 공공단체임원
2	1	1969	1	2	9234	111	2	의회의원?고위공무원 및 공공단체임원
3	1	1960	1	1	11789	111	7	의회의원?고위공무원 및 공공단체임원
4	1	1943	1	1	1124	111	3	의회의원?고위공무원 및 공공단체임원
5	1	1960	1	2	19196	111	1	의회의원?고위공무원 및 공공단체임원
6	1	1974	1	2	12563	111	5	의회의원?고위공무원 및 공공단체임원
7	1	1954	1	1	7176	112	1	기업고위임원
8	1	1963	1	2	13609	112	1	기업고위임원
9	1	1947	1	1	61269	112	2	기업고위임원
10	1	1942	1	1	3854	120	1	행정 및 경영지원 관리자
11	1	1974	1	1	5368	120	3	행정 및 경영지원 관리자
12	1	1962	1	1	12994	120	4	행정 및 경영지원 관리자
13	1	1960	1	1	6950	120	2	행정 및 경영지원 관리자
14	1	1969	1	1	25363	120	5	행정 및 경영지원 관리자
15	1	1970	1	2	6550	120	2	행정 및 경영지원 관리자
16	1	1956	3	1	17348	120	6	행정 및 경영지원 관리자

직업별 경상소득 평균을 만들고 NA 데이터를 제거한다.

```
job_income <- tapply(dd$income,dd$job_name,mean)
job_income <- job_income[!is.na(job_income)]
```

➡ tapply( ) 함수로 직업별 경상소득 평균을 만들고 NA 데이터를 제거한다. 최종 데이터는 job_income이다.

```
job_income <- job_income[order(job_income,decreasing=T)]
```

➡ 경상소득 상위에서 하위 순으로 데이터를 정렬한다.

	V1
기업고위임원	27351.333
의료진료 전문가	19488.417
연극 영화 및 영상 전문가	18794.000
보험 및 금융 관리자	14943.143
건설구조관련 기능 종사자	13714.333
금형 주조 및 단조원	12962.667
법률 전문가	12117.000
항공기 선박 기관사 및 관제사	11522.000
화학공학 기술자 및 시험원	10650.800
행정 및 경영지원 관리자	10390.933
의회의원 고위공무원 및 공공단체임원	10377.333

```
n <- length(job_income)
top30 <- job_income[30:1]
bottom_30 <- job_income[n:(n-29)]
```

➡ 전체 데이터 길이를 가져온 후 상위 30개, 하위 30개 데이터를 추출한다.

```
par(las=2)
par(mar=c(4,12,1,1))
```

➡ 그래프 옵션을 바꾸고 싶을 때 par( )를 사용한다.
las 옵션은 그래프 문자 라벨의 방향을 설정할 때 사용한다. 0은 축에 평행하게, 1은 수평으로 문자를 찍는 것이다. 2는 축과 직각으로, 3은 항상 수직으로 문자를 찍는 것이다.
mar는 그래프의 테두리 옵션으로 [아래, 왼쪽, 위, 오른쪽] 형식의 숫자로 표시한다.

```
barplot(top30,horiz=TRUE,main="1~30",xlim=c(0,26000),cex.names=0.8)
```

➡ 상위 30개를 이용하여 막대그래프를 그린다. horiz 옵션이 TRUE인 경우 누운 막대그래프가 그려진다. cex.names 옵션은 축이름 문자의 크기를 설정한다.

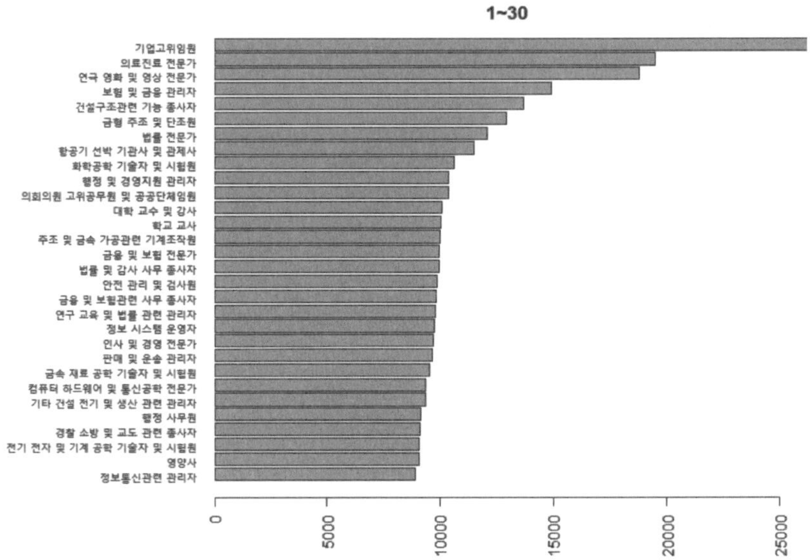


```
barplot(bottom30,horiz=TRUE,main="(n-29)~n",xlim=c(0,26000),cex.names=0.8)
```

➡ 하위 30개를 이용하여 막대그래프를 그린다.

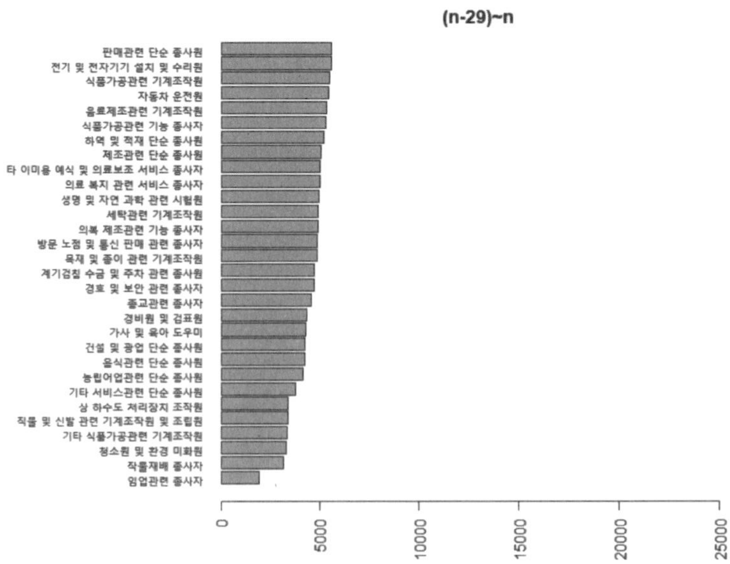

4장

통계분석

1 가설검정 개요
2 동일 집단에서 두 변수의 관련성 검정
3 동일 집단에서 동일 변수의 변화 검정
4 두 집단에서 특정 변수의 관측값 차이 검정
5 N개의 집단에서 특정 변수의 관측값 차이 검정
6 관측값 평균의 신뢰구간 분석
7 상관분석
8 사례분석 (지역별매출분석)

기업에서의 데이터 분석은 비즈니스 인텔리전스(Business Intelligence, BI)라는 개념으로, 기업 성과를 분석해서 향후 비즈니스 운영계획을 만들어가는 방법론이었다. 최근에는 데이터 사이언스(data science), 빅데이터 분석(big data analysis)이라는 용어를 사용하여 기업뿐만 아니라 대중의 정보를 분석해 비즈니스 설계 및 운영계획을 생성하는 방법으로 발전하였다. 여기서 '분석'의 의미는 관측된 데이터를 이용하여 어떤 현상을 이해하고 예측하는 것으로 아래와 같이 '대략적인 분석'과 '정밀한 분석'으로 구분할 수 있다.

〈- 대략적인 분석   정밀한 분석 -〉

〈- 데이터 적음(샘플링)   데이터 많음(학습) -〉

〈- 수학모델 단순   수학모델 복잡 -〉

통계	회귀분석	데이터마이닝
관련성이 있다/없다	단순한 시스템의 예측	복잡한 시스템 예측 및 이해

데이터 분석에서 통계분석은 주로 관측값끼리의 관련성을 알아보는 가설검정을 하게 된다.

1 가설검정 개요

가설검정은 우리가 관측한 데이터를 이용하여 특정 현상에 대한 가정을 세운 뒤 그 가정이 통계적으로 설득력이 있는지 측정하는 통계적 절차를 말한다. '특정 마케팅 캠페인이 고객들의 구매변화에 효과가 있다/없다'를 검정하여 마케팅 프로그램의 지속 여부를 결정할 수 있다.

1) 가설검정 원리

① 관측치로부터 통계량(계산식)을 계산한다(통계패키지에서 자동 계산됨. 문제에 따라 대부분 개발되어 있음). 통계량은 일반적인 상황과 특수한 상황에서 다른 값이 나오도록 설계되어 있고 특정 통계분포를 따르도록 설계되어 있다.
② 우리가 계산한 통계량이 일반적으로 쉽게 관측되는 값이라면, 현재의 상황은 일반적이며 특수한 상황이 아닐 확률이 높다는 것이다. 즉 특수한 상황에 대한 가정을 신뢰할 수 없다.
③ 우리가 계산한 통계량이 통계적으로 관측되기 어려운 확률값(보통 5% 이하)을 보인다면 특수한 상황인 것이다. 즉 가정이 신뢰할 만하다고 볼 수 있다. 통계량이 나올 확률을 p-value라고 하는데 일반적으로 p-value가 0.05 이하이면 가정을 받아들인다.

2) 대립가설과 귀무가설

보통 우리가 관심을 가지는 상황은 특수한 상황으로 예를 들면 '특정약이 치료 효과가 있다'거나 '남녀의 차이가 병 발생빈도에 영향을 준다'와 같은 것이다. 이러한 특수한 상황을 대립가설(alternative hypothesis) H_1에 두고, 반대의 상황(즉 일반적인 상황)은 귀무가설(null hypothesis) H_0로 둔다. 우리가 계산한 통계량은 귀무가설이 맞다고 가정하고 정의된 분포 특성을 지닌다. 그런데 통계량이 매우 관측되기 어려운 값이라면 귀무가설을 의심할 수밖에 없고, 대립가설을 채택하게 된다.

2 동일 집단에서 두 변수의 관련성 검정

1) 카이제곱검정 (데이터가 충분한 경우)

'학생들의 운동횟수는 성별과 관련성이 있다?'라는 가설을 검정하려면 일단 두 변수 간의 동시발생건수 테이블이 필요하다. 사용되는 통계량이 카이제곱분포를 따르기 때문에 카이제곱검정(Chi-square test)이라고 한다. (일단 관련성만 검증한다. '남자가 운동을 많이 한다?'와 같은 가설은 다른 검증방법이 필요하다.)

두 변수 X, Y가 4가지 경우를 가지고 있다면 동시발생건수 테이블은 아래와 같이 표현할 수 있다.

동시관측건수		Y			
		Y1	Y2	Y3	Y4
X	X1	X1, Y1관측수	X1,Y2관측수	X1,Y3관측수	X1,Y4관측수
	X2	X2, Y2관측수	X2,Y2관측수	X2,Y3관측수	X2,Y4관측수
	X3	X3, Y3관측수	X3,Y2관측수	X3,Y3관측수	X3,Y4관측수
	X4	X4, Y4관측수	X4,Y2관측수	X4,Y3관측수	X4,Y4관측수

카이제곱검정을 이용하여 두 변수 간의 관련성을 검정하기 위해서는 다음과 같은 절차를 따라야 한다.

① 관측값을 이용하여 동시발생건수 테이블을 만든다.
② 위 테이블을 가설검정에 입력으로 넣고 명령문을 수행한다.
③ 가설검정 결과를 보고 해석한다.

```
d <-
 data.frame(x=c('a','b','b','a','c','c','d'), y=c('m','f','f','m','f','f','m'))
td <- xtabs(~ x+y, data=d)
```

➡ 변수 x, y에 대한 7개의 관측 (a,m), (b,f), (b,f), (a,m), (c,f), (c,f), (d,m) 데이터.
d를 이용하여 변수 x, y에 대한 동시발생건수를 구한다.
td는 아래와 같은 테이블이 생성된다.

		y	
		f	m
x	a	0	2
	b	2	0
	c	2	0
	d	0	1

```
chisq.test(td )
```

➡ 위 코드를 입력해 x, y 변수의 관련성에 대한 가설검정을 수행한 결과는 아래와 같다.

```
        Pearson's Chi-squared test
data: td
X-squared = 7, df = 3, p-value = 0.0719
```

- 귀무가설(H_0): 두 변수는 관련성이 없다.
- 대립가설(H_1): 두 변수는 관련성이 있다.

두 변수가 관련성이 없다는 귀무가설 관점에서 통계량이 나올 확률(p-value)이 0.05보다 큰 값이 나왔다. 그러므로 발생할 수 있는 상황으로 보고 귀무가설을 채택하며, 두 변수가 관련성이 있다는 대립가설을 기각함으로써 두 변수가 관련성이 없다는 판단을 내린다.

2) 피셔의 정확검정 (데이터가 적은 경우)

표본수가 충분하지 않은 경우, 혹은 특정 상황이 집중적으로 발생한 경우에는 카이제곱 검정을 수행했을 때 결과가 부정확할 수 있다는 경고가 나올 수 있다. 이런 경우 피셔의 정확검정(Fisher's exact test)을 수행한다.

```
fisher.test(td )
```

➡ 위 코드를 입력해 x, y 변수의 관련성에 대한 가설검정을 수행한 결과는 아래와 같다.

```
Fisher's Exact Test for Count Data
data: td
p-value = 0.08571
alternative hypothesis: two.sided
```

- 귀무가설(H_0): 두 변수는 관련성이 없다.
- 대립가설(H_1): 두 변수는 관련성이 있다.

두 변수가 관련성이 없다는 귀무가설 관점에서 통계량이 나올 확률(p-value)이 0.05보다 큰 값이 나왔다. 그러므로 발생할 수 있는 상황으로 보고 귀무가설을 채택하며, 두 변수가 관련성이 있다는 대립가설을 기각함으로써 두 변수가 관련성이 없다고 판단을 내린다.

MASS 패키지는 응용통계 관련 함수를 제공한다. 패키지 안에 "survey" 데이터는 237명에 대한 학생설문데이터를 제공한다. 이 중 학생성별(Sex)과 운동량(Exer)에 관한 데이터를 이용하여 성별에 따른 운동량 차이를 분석해보자.

Sex	Female	남성
	Male	여성
Exer	Freq	자주 함
	Some	가끔 함
	None	안 함

```
library(MASS)
data(survey)
```

➡ survey 데이터를 사용하도록 R에서 지정한다.

```
d <- xtabs(~ Sex+Exer,data=survey)
```

➡ Sex와 Exer 변수를 이용하여 동시발생빈도수 데이터(d)를 만든다.

```
> d
        Exer
Sex      Freq None Some
  Female   49   11   58
  Male     65   13   40
```

운동을 자주 하는 여성은 49명, 남성은 65명이다. 남성이 운동을 많이 한다고 말할 수 있을까?

```
chisq.test(d)
```

➡

```
> chisq.test(d)

	Pearson's Chi-squared test

data:  d
X-squared = 5.7184, df = 2, p-value = 0.05731
```

카이제곱검정을 해본 결과 p-value가 0.05보다 큰 값이 나왔다.

- 귀무가설(H_0): Sex와 Exer 변수는 관련성이 없다.
- 대립가설(H_1): Sex와 Exer 변수는 관련성이 있다.

두 변수가 관련성이 없다는 귀무가설 관점에서 통계량이 나올 확률(p-value)은 0.05보다 큰 값이 나왔으므로 발생할 수 있는 상황으로 보고 귀무가설을 채택한다. 두 변수가 관련성이 있다는 대립가설을 기각하여 성별과 운동량은 관련성이 없다고 판단 내린다.

3 동일 집단에서 동일 변수의 변화 검정

동일한 변수에 대하여 시간차를 두고 관측했을 때 변화가 있는지/없는지를 검정하기 위해 사용한다. 고객들의 반응(구매의향 변수)을 마케팅 시행 전후에 관측하여 마케팅 효과를 알아보기 위해 사용한다.

	고객 1	고객 2	…	고객 N
마케팅 전	구매의향 있음(Y)	구매의향 없음(N)	구매의향 없음(N)	구매의향 없음(N)
마케팅 후	구매의향 있음(Y)	구매의향 있음(Y)	구매의향 있음(Y)	구매의향 있음(Y)

1000명에게 조사했다고 가정하면, 검정을 하기 위해서는 다음과 같은 표를 생성해야 한다. 검정은 맥니마 검정(McNemar's test)을 사용한다.

동시관측건수		X (마케팅 후)	
		Y	N
X (마케팅 전)	Y	100	200
	N	500	200

앞의 표의 의미는 아래와 같다.

의미	발생건수
마케팅 전에 구매의향이 있다고 답변한 사람이 마케팅 후에 구매의향이 있다고 답변한 경우	100
마케팅 전에 구매의향이 없다고 답변한 사람이 마케팅 후에 구매의향이 있다고 답변한 경우	500
마케팅 전에 구매의향이 있다고 답변한 사람이 마케팅 후에 구매의향이 없다고 답변한 경우	200
마케팅 전에 구매의향이 없다고 답변한 사람이 마케팅 후에 구매의향이 없다고 답변한 경우	200

```
p <- matrix(c(100,500,200,200),nrow=2,
          dimnames=list('before'=c('Y','N'),'after'=c('Y','N')))
mcnemar.test(p)
```

➡ 위 검정의 결과는 아래와 같다.

```
McNemar's Chi-squared test with continuity correction
data: p
McNemar's chi-squared = 127.72, df = 1, p-value < 2.2e-16
```

- 귀무가설(H_0): 변수의 변화가 없다.
- 대립가설(H_1): 변수의 변화가 있다.

변수의 변화가 없다(마케팅효과 없다)라는 귀무가설 관점에서 통계량이 나올 확률(p-value)은 0.05보다 작다. 그러므로 이상치로 판단하고 귀무가설을 기각한 후 "변화가 있다"라는 대립가설을 채택한다. 결과적으로 "변수에 변화가 있다(마케팅 효과가 있다)"라고 판단 내린다.

4 두 집단에서 특정 변수의 관측값 차이 검정

수면제의 효과를 검증하기 위하여 두 그룹에서 수면시간을 측정했다고 가정해보자.

- 그룹1: 수면제를 복용하지 않은 집단
- 그룹2: 수면제를 복용한 집단

그룹번호	1	1	1	1	1	2	2	2	2	2
수면시간	8.1	8.2	6.6	8.3	5.3	9.1	10.2	11.6	9.1	10.3

t-test를 하기 위해서는 먼저 두 집단의 분산이 동일한지 검증해야 한다.

```
sleep <- data.frame(time=c(8.1,8.2,6.6,8.3,5.3,9.1,10.2,11.6,9.1,10.3),
group=c(1,1,1,1,1,2,2,2,2,2))
var.test(time ~ group, sleep)
```

➡ 위 분산 동일성 검정의 결과는 아래와 같다.

```
        F test to compare two variances
data:  time by group
F = 1.617, num df = 4, denom df = 4, p-value = 0.6529
alternative hypothesis: true ratio of variances is not equal to 1
95 percent confidence interval:
  0.1683541 15.5301578
sample estimates:
ratio of variances
          1.616962
```

- 귀무가설(H_0): 분산의 비는 1이다.
- 대립가설(H_1): 분산의 비는 1이 아니다.

p-value가 0.05보다 크므로 귀무가설을 채택하여 분산이 동일하다고 볼 수 있다.

```
t.test(time ~ group,data=sleep,var.equal=TRUE)
```

➡ 수면시간 차이에 대한 검정 결과는 아래와 같다.

```
Two Sample t-test
data: time by group
t = -3.6829, df = 8, p-value = 0.006193
alternative hypothesis: true difference in means is not equal to 0
95 percent confidence interval:
  -4.488119 -1.031881
sample estimates:
mean in group 1 mean in group 2
           7.30           10.06
```

- 귀무가설(H_0): 평균이 동일하다.
- 대립가설(H_1): 평균이 동일하지 않다(평균의 차이가 0이 아니다).

p-value가 0.05보다 작으므로 평균이 동일하다는 귀무가설(H_0)을 기각하고, 평균이 다르다는 대립가설(H_1)을 채택한다.

5 N개의 집단에서 특정 변수의 관측값 차이 검정

마트에서 특정 이벤트 상품을 구역A, 구역B, 구역C에 배치했을 때 매출량의 차이를 분석해보려고 한다. 3개의 구역에서 측정된 일매출량은 아래와 같다.

구역A	320	285	292	305	290	334	294	315
구역B	220	273	229	231	201	238	200	237
구역C	226	248	277	300	212	262	204	279

```
sales <- data.frame(sale=c(320,285,292,305,290,334,294,315
                          ,220,273,229,231,201,238,200,237
                          ,226,248,227,300,212,262,204,279)
                    ,area=c('A','A','A','A','A','A','A','A'
                          ,'B','B','B','B','B','B','B','B'
                          ,'C','C','C','C','C','C','C','C'))
anova(lm(sale ~ area,data=sales))
```

➡ 위 검정의 결과는 아래와 같다.

```
Analysis of Variance Table
Response: sale
          Df  Sum Sq  Mean Sq  F value     Pr(>F)
area       2   25475  12737.6   19.382  1.701e-05 ***
Residuals 21   13801    657.2
---
Signif. codes: 0 '***' 0.001 '**' 0.01 '*' 0.05 '.' 0.1 ' ' 1
```

- 귀무가설(H_0): 3개 구역의 매출량은 동일하다.
- 대립가설(H_1): 3개 구역의 매출량은 다르다.

p-value가 0.5보다 작으므로 귀무가설을 기각하고 "매출량의 차이가 있다"라고 본다.

6 관측값 평균의 신뢰구간 분석

마트의 각 구역별 일매출량 평균의 신뢰구간을 구해볼 수 있다. 아래 분석 결과로 보아 매출량은 A > C > B 순서인 것을 알 수 있다.

```
salesA <- subset(sales,sales$area=='A')
t.test(salesA$sale)
```

➡ 위 검정의 결과는 아래와 같다.

```
One Sample t-test
data:  salesA$sale
t = 49.968, df = 7, p-value = 3.366e-10
alternative hypothesis: true mean is not equal to 0
95 percent confidence interval:
   289.9712  318.7788
sample estimates:
mean of x
  304.375
```

A구역의 평균매출량은 304.375이고 95% 신뢰구간은 [289.9712~318.7788]이다.

```
salesB <- subset(sales,sales$area=='B')
t.test(salesB$sale)
```

➡ 위 검정의 결과는 아래와 같다.

```
One Sample t-test
data:  salesB$sale
t = 27.791, df = 7, p-value = 2.006e-08
alternative hypothesis: true mean is not equal to 0
95 percent confidence interval:
   209.1723  248.0777
sample estimates:
mean of x
  228.625
```

B구역의 평균매출량은 228.625이고 95% 신뢰구간은 [209.1723~248.0777]이다.

```
salesC <- subset(sales,sales$area=='C')
t.test(salesC$sale)
```

➡ 위 검정의 결과는 아래와 같다.

```
One Sample t-test
data: salesC$sale
t = 20.563, df = 7, p-value = 1.614e-07
alternative hypothesis: true mean is not equal to 0
95 percent confidence interval:
    216.605 272.895
sample estimates:
mean of x
   244.75
```

C구역의 평균매출량은 244.75이고 95% 신뢰구간은 [216.605~272.895]이다.

7 상관분석

앞에서 다룬 가설검정에서는 변수의 관계성 '있다/없다'를 분석했다. 좀 더 정밀하게 두 변수 사이의 관련성 정도를 파악하는 척도는 상관도이다. 상관도는 아래와 같이 몇 가지 방법이 존재한다.

1) 피어슨 상관계수(Pearson's correlation coefficient)

두 변수 사이의 선형적 상관관계를 측정하는 계산식으로, 두 변수는 연속형 값을 가져야 한다. 결과는 –1에서 1 사이 값으로 측정되는데, 1이나 –1에 가까울수록 두 변수 간의 관계가 많은 것을 나타내고 0에 가까운 값은 관계없음을 나타낸다.

```
x <- c(1,2,3,4,5,6)
y <- c(2,5,6,7,10,11)
z <- c(11,10,7,6,5,2)
w <- c(1,3,1,3,2,1)
xy <- cor(x,y)
xz <- cor(x,z)
xw <- cor(x,w)
```

➡ 위 코드에서 결과는 아래와 같다.

xy 값은 0.98 (양의 상관관계를 나타냄. x 변수가 증가하면 y도 증가)
xz 값은 -0.98 (음의 상관관계를 나타냄. x 변수가 증가하면 z는 감소)
xw 값은 -0.05 (상관관계 없음. x 변수의 변화와 w의 변화에 관계가 없음)

2) 스피어만 상관계수(Spearman's rank correlation coefficient)

두 변수 사이의 순위값을 가지고 상관관계를 구하는 방법으로, 변수 간에 비선형관계가 있거나 변수가 이산형 혹은 순서형 데이터인 경우에도 사용할 수 있다.

```
x <- c(1,2,3,4,5,6)
y <- c(1,20,300,4000,50000,600000)
xy_pearson <- cor(x,y)
xy_spearman <- cor(x,y,method='spearman')
```

➡ 위 코드에서 x, y는 비선형관계를 가지고 있으므로 xy_pearson값은 0.69이지만, xy_spearman 값은 1이다. 데이터 순위로 상관도를 측정하는 경우 x, y는 완전한 상관관계를 보인다. x 순위가 증가하면 y 순위도 증가하는 데이터 특성을 표현하고 있다.

```
x <- c(1,2,3,4,5,6)
y <- c('a','a','b','c','d','d')
xy_spearman <- cor(x,rank(y),method='spearman')
```

➡ 위 코드에서 y는 알파벳 순서형 데이터를 가지고 있으므로 데이터 순위로 상관도를 측정하는 경우 x, y의 상관계수는 0.97로 계산된다. rank( ) 함수는 데이터를 순위값으로 변경하는 기능을 가지고 있다. cor( ) 함수는 데이터가 수치형으로 제공되어야 상관계수를 구할 수 있다. x 순위가 증가하면 y 순위도 증가하는 데이터 특성을 표현하고 있다.

➡ rank(y) 의 결과는 [1.5 , 1.5 , 3 , 4 , 5.5 , 5.5] 형태이며, y를 순서대로 나열한 경우 1(a), 2(a), 3(b), 4(c), 5(d), 6(d)이므로 a는 1, 2의 평균 1.5, d는 5, 6의 평균 5.5를 사용한다.

3) 켄달 순위상관계수(Kendal's rank correlation coefficient)

(x,y) 형태의 순서쌍 데이터에 대하여 부합(concordant)과 비부합(discordant)의 특성 관계를 표현한다. 모든 쌍에서 일관되게 x가 커지면 y도 커지고 x가 작아지면 y도 작아지는 특성을 보이면, 순위상관계수는 1(부합관계)이 된다. 반대로 x가 커지면 y는 작아지고 x가 작아지면 y는 커지는 특성을 보이면, 순위상관계수는 –1(비부합관계)이 된다.

예를 들어 아래 4개의 데이터를 보자.

```
(1,10) (2,24) (4, 52) (3, 53)
```

가능한 순서쌍을 나열하면 아래와 같다.

(1,10) / (2,24) 〉 부합	(1,10) / (4,52) 〉 부합	(1,10) / (3,53) 〉 부합
(2,24) / (4,52) 〉 부합	(2,24) / (3,53) 〉 부합	(4,52) / (3,53) 〉 비부합

켄달의 순위상관계수 계산공식은 다음과 같다.

$$\text{켄달의 순위상관계수} = (\text{부합수} - \text{비부합수}) / \text{전체}$$

```
x <- c(1,2,4,3)
y <- c(10,24,52,53)
xy_kendal <- cor(x,y,method='kendal')
```

➡ 켄달의 순위상관계수는 0.66이다.

4) 상관계수 검정

상관계수의 통계적 유의성을 검증할 수 있다. 가설은 아래와 같다.

- H_0(귀무가설): 상관계수가 0이다.
- H_1(대립가설): 상관계수가 0이 아니다.

가설검정은 H_0을 기준으로 통계량을 계산하므로 p-value가 0.05보다 작으면 H_0를 기각하고 대립가설을 채택하게 된다. 상관계수 검정에서 p-value가 0.05보다 작으면 상관계수가 유효함을 나타낸다.

```
x <- c(1,2,3,4,5,6)
y <- c(2,5,6,7,10,11)
cor.test(x,y)
```

➡ 위 검정 결과는 아래와 같다.

```
Pearson's product-moment correlation
data: x and y
t = 11.263, df = 4, p-value = 0.0003541
alternative hypothesis: true correlation is not equal to 0
95 percent confidence interval:
  0.8611344 0.9983866
sample estimates:
     cor
0.984597
```

p-value가 매우 작으므로 상관계수가 유효함을 나타낸다.

8 사례분석 (지역별 매출분석)

1) 지역별 구매액의 차이분석

order.txt(미국 소매점 매출데이터)를 이용하여 뉴욕과 캘리포니아 지역의 평균 구매액이 같은지 혹은 다른지 통계분석을 해본다. 미국 소매점 매출데이터 파일은 아래 사이트에서 다운로드 가능하다.

http://www.data-miners.com/sql_companion.htm

order 데이터는 다음과 같은 구조를 가진다. state가 지역이름이고 totalprice가 구매액이다.

order
orderid
customerid
campaignid
orderdate
city
state
zipcode
paymenttype
totalprice
numorderlines
numunits

```
install.packages('sampling')
library(sampling)
```

➡ 데이터를 샘플링해주는 패키지를 설치한다.

```
orders <- read.csv('orders.txt',header=T,sep="\t")
sub <- subset(orders,orders$state=='CA' | orders$state=='NY')
```

➡ 데이터를 읽어오고 뉴욕과 캘리포니아 데이터만 가지고 온다.

```
sampleid <- strata(c('state'),size=c(1000,1000),method='srswor',data=sub)
sampledata <- getdata(sub,sampleid)
```

➡ 층화임의추출(stratified radom sampling) 기법을 이용하여 각 주마다 1000개씩 데이터를 추출한다.

```
var.test(totalprice ~ state,sampledata)
```

➡ 두 집단의 분산이 동일한지 검증한다.

```
F test to compare two variances
data: totalprice by state
F = 3.9917, num df = 999, denom df = 999, p-value < 2.2e-16
alternative hypothesis: true ratio of variances is not equal to 1
95 percent confidence interval:
   3.525834 4.519044
sample estimates:
ratio of variances
            3.991666
```

검증결과 분산이 다르다.

```
t.test(totalprice ~ state,data=sampledata,var.equal=F)
```

➡ 두 집단의 분산이 다르다는 옵션을 설정하고 두 집단의 구매액 평균차이에 대한 검증을 수행한다.

```
Welch Two Sample t-test
data: totalprice by state
```

```
t = 3.2715, df = 1470, p-value = 0.001094
alternative hypothesis: true difference in means is not equal to 0
95 percent confidence interval:
  11.43315 45.67397
sample estimates:
mean in group CA mean in group NY
        92.31118          63.75762
```

p-value가 0.05보다 작으므로 평균차이=0이라는 귀무가설을 기각하고 NY와 CA의 평균구매액 차이가 있다고 판정한다.

2) 지역별 구매제품 차이분석

order.txt, orderline.txt, product.txt 데이터(미국 소매점 매출데이터)를 이용하여 지역별 구매제품에 대한 차이를 분석하고 마케팅 전략에 활용한다.

각 구매데이터에서 제품그룹을 연결하려면 아래 3가지 테이블을 조인하여 정보를 추출해야 한다. order 테이블과 orderline 테이블을 orderid로 연결하여 구매한 productid를 추출하고, orderline 테이블과 product 테이블을 productid로 연결하여 PRODUCTGROUPNAME을 가져온다.

order
orderid
customerid
campaignid
orderdate
city
state
zipcode
paymenttype
totalprice
numorderlines
numunits

orderline
orderlineid
orderid
productid
shipdate
billdate
unitprice
numunits
totalprice

product
PRODUCTID
PRODUCTNAME
PRODUCTGROUPCODE
PRODUCTGROUPNAME
INSTOCKFLAG
FULLPRICE

```
orders <- read.csv('orders.txt',header=T,sep='\t')
orderline <- read.csv('orderline.txt',header=T,sep='\t')
product <- read.csv('product.txt',header=T,sep='\t')
```

➡ 테이블 읽어오기

```
states <- c('NY','FL','NJ','MA')
orders <- orders[orders$state %in% states,]
orders$state <- as.character(orders$state)
```

➡ 주요 지역만 추출하기

```
productnames <-
c('APPAREL','ARTWORK','BOOK','CALENDAR','FREEBIL','GAME','OCCASION')
product <-
product[product$PRODUCTGROUPNAME %in% productnames,]
product$PRODUCTGROUPNAME
 <- as.character(product$PRODUCTGROUPNAME)
```

➡ product 테이블에서 주요 제품그룹만 추출하고, 제품그룹 이름을 문자로 변환한다.

```
library("dplyr")
orders <- inner_join(orders,orderline,by=c('orderid'='orderid'))
orders <- inner_join(orders,product,by=c('productid'='PRODUCTID'))
```

➡ 3개 테이블을 조인하여 제품그룹별 오더정보를 생성한다.

```
td <- xtabs(~ orders$state+orders$PRODUCTGROUPNAME)
chisq.test(td )
```

➡ state와 PRODUCTGROUPNAME 변수 간의 동시발생건수 테이블을 만들고 두 변수 간 관련성을 검증한다.

```
Pearson's Chi-squared test
data: td
X-squared = 713.42, df = 15, p-value < 2.2e-16
```

p-value가 0.05보다 작으므로 관련성이 없다는 귀무가설을 기각한다(관련성이 있다).

지역별(state)로 구매제품그룹 간의 차이가 있으므로 이러한 차이를 마케팅에 활용하기 위하여 아래 엑셀표와 같이 실제 관측값과 기대값을 구해본다. 엑셀수식은 아래 표를 참조한다.

	A	B	C	D	E	F	G	H	I	J	K
1											
2			APPAREL	ARTWORK	BOOK	CALENDAR	FREEBIE	GAME	OCCASION	sum()	확률
3		FL	820	2346	6632	523	1443	938	2177	=SUM(C3:I3)	=J3/$J$7
4		MA	437	1783	4039	424	1119	857	1453	=SUM(C4:I4)	=J4/$J$7
5	관측	NJ	1273	6850	12249	873	2856	1590	4890	=SUM(C5:I5)	=J5/$J$7
6		NY	3333	17067	31999	2900	6906	4192	10806	=SUM(C6:I6)	=J6/$J$7
7		sum()	=SUM(C3:C6)	=SUM(D3:D6)	=SUM(E3:E6)	=SUM(F3:F6)	=SUM(G3:G6)	=SUM(H3:H6)	=SUM(I3:I6)	=SUM(C7:I7)	
8		확률	=C7/$J$7	=D7/$J$7	=E7/$J$7	=F7/$J$7	=G7/$J$7	=H7/$J$7	=I7/$J$7		
9											
10			APPAREL	ARTWORK	BOOK	CALENDAR	FREEBIE	GAME	OCCASION		
11		FL	=$J$7*C$8*$K3	=$J$7*D$8*$K3	=$J$7*E$8*$K3	=$J$7*F$8*$K3	=$J$7*G$8*$K3	=$J$7*H$8*$K3	=$J$7*I$8*$K3		
12	기대값	MA	=$J$7*C$8*$K4	=$J$7*D$8*$K4	=$J$7*E$8*$K4	=$J$7*F$8*$K4	=$J$7*G$8*$K4	=$J$7*H$8*$K4	=$J$7*I$8*$K4		
13		NJ	=$J$7*C$8*$K5	=$J$7*D$8*$K5	=$J$7*E$8*$K5	=$J$7*F$8*$K5	=$J$7*G$8*$K5	=$J$7*H$8*$K5	=$J$7*I$8*$K5		
14		NY	=$J$7*C$8*$K6	=$J$7*D$8*$K6	=$J$7*E$8*$K6	=$J$7*F$8*$K6	=$J$7*G$8*$K6	=$J$7*H$8*$K6	=$J$7*I$8*$K6		
15											
16			APPAREL	ARTWORK	BOOK	CALENDAR	FREEBIE	GAME	OCCASION		
17	기대값 -관측	FL	=C11-C3	=D11-D3	=E11-E3	=F11-F3	=G11-G3	=H11-H3	=I11-I3		
18		MA	=C12-C4	=D12-D4	=E12-E4	=F12-F4	=G12-G4	=H12-H4	=I12-I4		
19		NJ	=C13-C5	=D13-D5	=E13-E5	=F13-F5	=G13-G5	=H13-H5	=I13-I5		
20		NY	=C14-C6	=D14-D6	=E14-E6	=F14-F6	=G14-G6	=H14-H6	=I14-I6		

최종 생성된 표는 다음과 같다.

	A	B	C	D	E	F	G	H	I	J	K
1											
2			APPAREL	ARTWORK	BOOK	CALENDAR	FREEBIE	GAME	OCCASION	sum()	확률
3		FL	820	2346	6632	523	1443	938	2177	14879	0.112
4		MA	437	1783	4039	424	1119	857	1453	10112	0.076
5	관측	NJ	1273	6850	12249	873	2856	1590	4890	30581	0.230
6		NY	3333	17067	31999	2900	6906	4192	10806	77203	0.581
7		sum()	5863	28046	54919	4720	12324	7577	19326	132775	
8		확률	0.044	0.211	0.414	0.036	0.093	0.057	0.146		
9											
10			APPAREL	ARTWORK	BOOK	CALENDAR	FREEBIE	GAME	OCCASION		
11		FL	657	3143	6154	529	1381	849	2166		
12	기대값	MA	447	2136	4183	359	939	577	1472		
13		NJ	1350	6460	12649	1087	2838	1745	4451		
14		NY	3409	16308	31933	2744	7166	4406	11237		
15											
16			APPAREL	ARTWORK	BOOK	CALENDAR	FREEBIE	GAME	OCCASION		
17	기대값 -관측	FL	-163	797	-478	6	-62	-89	-11		
18		MA	10	353	144	-65	-180	-280	19		
19		NJ	77	-390	400	214	-18	155	-439		
20		NY	76	-759	-66	-156	260	214	431		

[기대값–관측] 값이 200 이상인 부분이 지역별로 마케팅을 집중할 제품그룹이다. 왜냐하면 기대값보다 실제 판매액이 적으므로 향후 판매가능성이 높기 때문이다.

3) 지역별 고객유지율 분석

subs.txt는 이동통신사 고객서비스 가입 및 중지 데이터로 아래 사이트에서 다운로드할 수 있다.
http://www.data-miners.com/sql_companion.htm

지역(market)은 Gotham, Metropolis, Smallville로 나누어진다. 테이블 구조는 다음과 같다.

subs
customer_id
rate_plan
monthly_fee
market
channel
start_date
stop_date
stop_type
tenure
censored

2006년 이후 가입한 고객을 대상으로 지역과 고객유지율의 관련성에 대한 분석을 해 본다.

- 1단계: 데이터에 status라는 변수를 만들고 stop_date가 없으면 Active라 하고, 아니면 Stop이라고 설정한다.
- 2단계: market과 status 변수에 대한 동시발생건수 테이블을 만들고 관련성 검정을 수행한다.

```
subs <- read.csv('subs.txt',header=T,sep="\t")
subs <- subset(subs,subs$start_date!="")
```

➡ 데이터를 로딩하고 가입날짜가 비어 있는 데이터를 제거한다.

```
subs_2006 <-
subset(subs,format(as.POSIXct(subs$start_date),"%Y")>=2006)
```

➡ 가입날짜가 2006년 이후인 데이터만 추출해 subs_2006 데이터를 만든다.
  - format(날짜,"%Y") 함수를 사용하면, 날짜정보에서 연도만 추출할 수 있다.
  - subs$start_data는 단순한 문자이므로 날짜데이터로 변환하기 위해 as.POSIXct( ) 함수를 사용한다.

```
subs_2006$status <- ifelse(subs_2006$stop_date=="","Active","Stop")
```

➡ status라는 변수를 만들고 해지날짜가 없으면 Active, 있으면 Stop을 입력한다.

```
td <- xtabs(~ subs_2006$market+subs_2006$status)
```

➡ market과 status 변수에 대한 동시발생건수 테이블을 생성한다.
생성된 테이블은 다음과 같다.

	Active	Stop
Gotham	240182	66796
Metropolis	173353	48821
Smallville	110381	16661

```
chisq.test(td )
```

➡ 변수 관련성에 대한 가설검정을 수행한다. 검정 결과는 다음과 같다.

```
Pearson's Chi-squared test
data: td
X-squared = 4860.3, df = 2, p-value < 2.2e-16
```

p-value가 매우 작으므로 관련성이 없다는 귀무가설을 기각하고, 지역별 고객유지율에 차이가 있다는 결론을 내린다.

```
total <- apply(td,1,sum)
rate <- td/total
```

➡ 각 지역의 고객유지율을 다음과 같이 계산한다. Smallville이 높게 나온다.

Gotham: 240182/(240182+66796)=0.7824079
Metropolis: 173353/(173353+48821)=0.7802578
Smallville: 110381/(110381+16661)=0.8688544

Gotham과 Metropolis에서 고객유지율이 비교적 낮으므로 고객 유지를 위한 마케팅 활동이 필요하다.

4) 가입경로별 고객유지율 분석

앞에서 사용한 subs.txt 데이터를 이용하여 가입경로(channel)별로 고객유지율의 차이가 있는지 분석해보자. 가입경로는 Chain, Dealer, Mail, Store로 나누어진다.

```
td <- xtabs(~ subs_2006$channel+subs_2006$status)
```

➡ td 데이터는 아래와 같이 생성된다.

```
> td
                 subs_2006$status
subs_2006$channel Active   Stop
           Chain   46494  15845
           Dealer 255790  56868
           Mail    99557  44749
           Store  122075  14816
```

```
total <- apply(td,1,sum)
rate <- td/total
```

➡ 가입경로별 고객유지율과 해지율은 아래와 같이 구해진다.

```
> rate
                 subs_2006$status
subs_2006$channel    Active      Stop
           Chain  0.7458252 0.2541748
           Dealer 0.8181144 0.1818856
           Mail   0.6899020 0.3100980
           Store  0.8917679 0.1082321
```

우편(Mail)으로 가입한 고객의 고객유지율이 낮으므로 해당 고객에 대한 관리가 필요하다고 볼 수 있다.

5장

선형회귀분석

1 개요

통계분석에서는 변수 간의 관계성이 '있다/없다'를 판별하거나 혹은 관계성의 정도(상관분석)를 판별했다면, 선형회귀분석(linear regression)에서는 관측값을 이용하여 다른 변수를 예측할 수 있는 모델을 만든다. 이때 사용하는 모델은 선형식이다.

아래 모형은 변수 x(입력값)를 이용하여 y(출력값)를 예측할 수 있는 단순회귀모델의 예다.

$$y = 2 * x + 40$$

다음은 변수 x, y(입력값)를 이용하여 z(출력값)를 예측할 수 있는 중회귀모델의 예다.

$$z = 2 * x + 3 * y + 40$$

이때 입력값으로 사용되는 변수를 독립변수, 출력값으로 사용되는 변수를 종속변수라 한다. 독립변수와 종속변수의 관측데이터를 이용하여 R에서 lm( ) 함수를 이용하면 선형회귀모델을 생성할 수 있다.

```
d <- data.frame(x=c(2,4,6,7,8,9), y=c(3,4,7,11,12,12))
m <- lm(y~x,d)
coef(m)
```

➡ lm( ) 함수에서 사용된 첫 번째 인자는 모델의 구조를 정의하는 것이다. <출력변수~입력변수> 형태로 지정하면 된다. 모델에 사용되는 데이터는 data.frame 형태로 제공되어야 한다.
m에 저장된 모델을 보기 위해 coef(m)를 입력하면 아래와 같은 결과를 볼 수 있다.

```
(Intercept)         x
 -0.8333333  1.5000000
```

데이터 d를 이용하여 생성한 모델은 $y = 1.5 * x - 0.8333333$이다.

모델이 생성되고 새로운 데이터에 대한 예측값을 만들고 싶으면 predict( ) 함수를 사용한다.

```
dd <- data.frame(x=c(3,5,12))
predict(m,newdata=dd)
```

➡ x가 3, 5, 12일 때 예측된 y값은 < 3.666667 6.666667 17.166667 >이다.

2 모델 평가

lm( ) 함수는 주어진 데이터를 이용하여 최적 모델을 생성해준다. 실제 업무에 이 모델을 사용하기 전에 모델이 얼마나 신뢰할 만한 것인지 평가해야 한다. summary( ) 함수를 이용하면 다음과 같이 F통계량을 이용한 검정 결과를 볼 수 있다.

```
Call:
lm(formula = y ~ x, data = d)

Residuals:
      1        2        3       4       5       6
 0.8333  -1.1667  -1.1667  1.3333  0.8333  -0.6667

Coefficients:
             Estimate  Std. Error  t value   Pr(>|t|)
(Intercept)   -0.8333      1.3930   -0.598   0.58190
x              1.5000      0.2158    6.951   0.00225 **
---
Signif. codes: 0 '***' 0.001 '**' 0.01 '*' 0.05 '.' 0.1 ' ' 1

Residual standard error: 1.258 on 4 degrees of freedom
Multiple R-squared: 0.9235,   Adjusted R-squared: 0.9044
F-statistic: 48.32 on 1 and 4 DF, p-value: 0.002251
```

모델이 정확하다면 x를 이용해서 y를 잘 예측할 수 있으므로 예측치는 실제값 y와 유사할 것이다. 따라서 아래 통계량은 1에 가까울 것이다. 모델이 정확하지 않으면 아래 통계량은 0에 가까운 값이 된다.

$$\text{통계량} = \frac{(\text{예측값} - \text{실제값 평균})^2\text{의 합}}{(\text{실제값} - \text{실제값 평균})^2\text{의 합}}$$

위의 F통계량은 아래와 같은 가설검정에 대한 통계량이다.

- H_0(귀무가설): 통계량은 0이다. (모델을 신뢰할 수 없다.)
- H_1(대립가설): 통계량은 0이 아니다. (모델을 신뢰할 수 있다.)

위 결과에서 p-value가 0.05보다 작은 값이 나왔으므로 귀무가설을 기각하여 모델을 신뢰할 수 있다고 판단할 수 있다.

3 중선형회귀

선형회귀모델에서 독립변수(입력변수)가 2개 이상인 모델을 중선형회귀(multiple linear regression)라고 한다. 종속변수를 예측하기 위해 여러 변수의 관측값을 사용하는 경우에 사용할 수 있다. 실제 문제에서는 여러 변수 중에서 종속변수에 영향을 주는 변수를 찾아내는 작업이 필요하다. 변수를 추가하거나 제거하면서 최적의 모델을 찾을 수 있는데, 각 변수의 계수에 대한 t통계량 검증을 통하여 신뢰도를 측정할 수 있다.

```
d <- data.frame(f=c(8,17,10,-9,19,32), x=c(5,4,5,9,3,3)
                , y=c(13,14,13,15,14,19), z=c(28,25,24,21,23,23))
m <- lm(f ~ x + y + z, d)
summary(m)
```

➡ lm(f~x+y+z, d)은 x, y, z를 독립변수로 하여 f를 예측하는 중선형회귀모델을 만드는 명령문이다. 생성된 모델을 보기 위해 summary(m)을 실행한다.

위 모델의 세부사항은 다음과 같다.

```
Call:
lm(formula = f ~ x + y + z, data = d)

Residuals:
      1        2        3        4        5        6
-0.9788   1.1467   1.7227  -0.4391  -1.6881   0.2366

Coefficients:
            Estimate  Std. Error  t value  Pr(>|t|)
(Intercept)   1.1998     18.6879    0.064   0.95465
x            -5.1855      0.4846  -10.701   0.00862 **
y             2.2151      0.5051    4.385   0.04827 *
z             0.1754      0.4995    0.351   0.75903
---
Signif. codes: 0 '***' 0.001 '**' 0.01 '*' 0.05 '.' 0.1 ' ' 1

Residual standard error: 2.042 on 2 degrees of freedom
Multiple R-squared: 0.991,    Adjusted R-squared: 0.9776
F-statistic: 73.75 on 3 and 2 DF, p-value: 0.01341
```

전체 모델은 아래 식으로 표현된다.

$$f = -5.1855*x + 2.2151*y + 0.1754*z + 1.1998$$

모델에 대한 F통계량의 p-value는 0.05보다 작으므로 이 모델은 유효한 모델이라고 볼 수 있다. 각 변수에 대한 유의성을 검정하기 위하여 변수별로 [계수=0]이라는 귀무가설에 대한 통계량은 t value이며 이러한 통계량에 대한 확률은 Pr(>|t|) 값이다. x, y는 0.05보다 작은 값이 나와 귀무가설을 기각하여 계수가 유효하다고 이야기할 수 있지만, z는 큰 값이 나와서 z변수에 대한 계수는 유효하지 않다. 모델에서 z변수를 제외하는 것이 좋을 듯하다.

다음과 같이 z를 빼고 모델을 생성해보자.

```
m <- lm(f ~ x + y, d)
summary(m)
```

➡ z변수를 빼고 중선형회귀분석을 수행한 결과는 다음과 같다.

```
Call:
lm(formula = f ~ x + y, data = d)

Residuals:
      1       2       3       4       5       6
-0.4315  1.1837  1.5685 -0.5763 -2.0871  0.3427

Coefficients:
            Estimate Std. Error t value Pr(>|t|)
(Intercept)   7.3030     5.7757   1.264 0.295381
x            -5.2708     0.3528 -14.940 0.000651 ***
y             2.1140     0.3493   6.052 0.009049 **
---
Signif. codes: 0 '***' 0.001 '**' 0.01 '*' 0.05 '.' 0.1 ' ' 1

Residual standard error: 1.718 on 3 degrees of freedom
Multiple R-squared: 0.9905, Adjusted R-squared: 0.9841
F-statistic: 156.2 on 2 and 3 DF, p-value: 0.0009276
```

Adjusted R-squared 값이 0.9841로 z를 포함한 모델(0.9776)보다 높은 값이 나왔다.

4 범주형 변수를 이용한 모델

일반적인 선형회귀모델에서 독립변수는 수치형이다. 만일 범주형 변수를 사용하려면 더미변수를 이용하여 모델링을 할 수 있다. iris 데이터를 이용하여 선형회귀모델을 만들어 보자.

```
plot(iris$Sepal.Width,iris$Sepal.Length,pch=c(1,2,3)[iris$Species])
```

➡ Sepal.Width와 Sepal.Length의 선형관계를 확인하기 위하여 다음과 같은 산점도를 그려볼 수

있다. 이때 pch는 종에 따라 점의 종류를 지정하는 옵션이다. iris$Species는 Factor 데이터형이며 3가지 종을 나타내어 1,2,3 인덱스로 표현될 수 있으므로 c(1,2,3)[iris$Species])는 길이 150개의 [111...222...333] 벡터값을 생성한다.

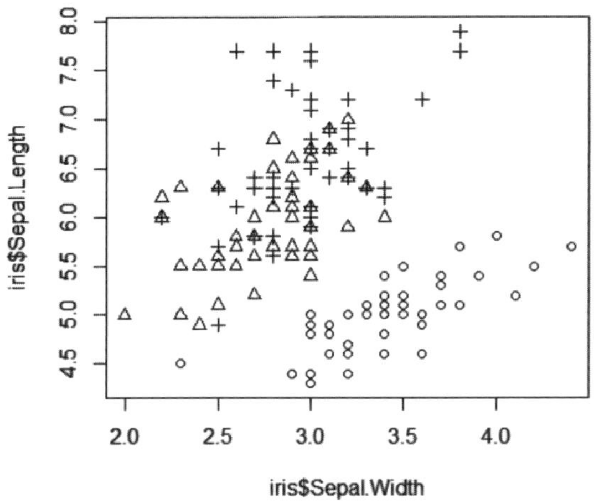

위 그림에서 Sepal.Width와 Sepql.Length는 선형관계가 있지만 종별로 조금 다른 것을 알 수 있다. 일단 다음과 같이 선형회귀모델을 만들어보자.

```
m <- lm(Sepal.Length~Sepal.Width,data=iris)
summary(m)
```

➡ Sepal.Width와 Sepql.Length의 선형회귀모델은 아래와 같다.

```
Call:
lm(formula = Sepal.Length ~ Sepal.Width, data = iris)

Residuals:
    Min      1Q  Median      3Q     Max
-1.5561 -0.6333 -0.1120  0.5579  2.2226

Coefficients:
            Estimate Std. Error t value Pr(>|t|)
(Intercept)   6.5262     0.4789   13.63   <2e-16 ***
Sepal.Width  -0.2234     0.1551   -1.44    0.152
---
Signif. codes: 0 '***' 0.001 '**' 0.01 '*' 0.05 '.' 0.1 ' ' 1
```

```
Residual standard error: 0.8251 on 148 degrees of freedom
Multiple R-squared: 0.01382, Adjusted R-squared: 0.007159
F-statistic: 2.074 on 1 and 148 DF, p-value: 0.1519
```

p-value가 커서 유의하지 않은 모델이다.

종을 표현하는 변수 Species를 선형회귀모델에서 사용해보자.

```
m <- lm(Sepal.Length~Sepal.Width+Species,data=iris)
summary(m)
```

➡ Sepal.Width와 Species 변수로 Sepal.Length를 예측하는 선형회귀모델을 생성하고 모델 정보를 보여준다.

생성된 모델의 세부사항은 아래와 같다. 통계적으로 유의한 모델이 만들어졌다.

```
Call:
lm(formula = Sepal.Length ~ Sepal.Width + Species, data = iris)

Residuals:
     Min        1Q    Median       3Q      Max
-1.30711  -0.25713  -0.05325  0.19542  1.41253

Coefficients:
                  Estimate  Std. Error  t value   Pr(>|t|)
(Intercept)         2.2514      0.3698    6.089   9.57e-09 ***
Sepal.Width         0.8036      0.1063    7.557   4.19e-12 ***
Speciesversicolor   1.4587      0.1121   13.012    < 2e-16 ***
Speciesvirginica    1.9468      0.1000   19.465    < 2e-16 ***
---
Signif. codes: 0 '***' 0.001 '**' 0.01 '*' 0.05 '.' 0.1 ' ' 1

Residual standard error: 0.438 on 146 degrees of freedom
Multiple R-squared: 0.7259,   Adjusted R-squared: 0.7203
F-statistic: 128.9 on 3 and 146 DF, p-value: < 2.2e-16
```

생성된 모델을 보면 범주형 변수를 사용하기 위하여 가변수(dummy variable)를 사용하였다. 원래 데이터를 아래 표와 같이 가변수를 이용하여 표현하고 모델을 만든다.

Sepal.Length	Sepal.Width	Speciesversicolor	Speciesvirginica
5.1 4.9 4.7 . . .	3.5 3 3.2 . . .	0 0 0 . . .	0 0 0. . .

Species는 가변수 Speciesversicolor와 Speciesvirginica를 이용하여 아래와 같이 표현된다.

Species	Speciesversicolor	Speciesvirginica
setosa versicolor virginica	0 1 0	0 0 1

최종 생성된 선형회귀모형은 다음과 같은 식이다.

$$\text{Sepal.Length} = 2.2514 + 0.8036 * \text{Sepal.Width} + 1.4587 * \text{Speciesversicolor} + 1.9468 * \text{Speciesvirginica}$$

위 모델을 이용하여 모델 예측값을 출력해볼 수 있다.

```
plot(iris$Sepal.Width,iris$Sepal.Length,pch=c(1,2,3)[iris$Species])
points(iris$Sepal.Width,predict(m),pch="*")
```

➡ plot( )을 이용하여 산점도를 그린 후 points( )를 이용하여 Sepal.Width별 Sepal.Length 예측값을 "*"로 찍어보면, 종별로 잘 예측되고 있음을 확인할 수 있다.

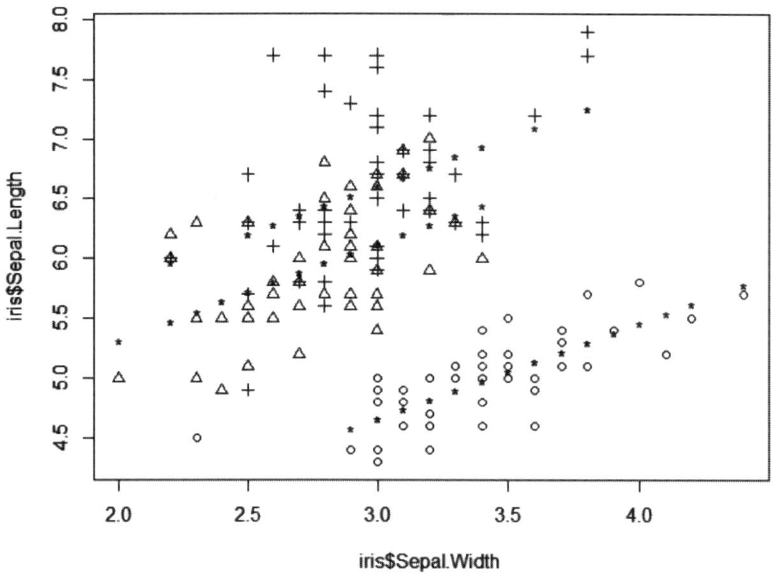

5 최적 중선형회귀모델 생성

R에서 변수를 추가하거나 제거하면서 최적의 모델을 찾는 작업에는 step( ) 함수를 사용할 수 있다. 단계적 변수 선택 방법은 다음 3가지를 사용할 수 있다.

- forward: 절편만 있는 최소모델에서 모델을 개선할 수 있는 변수를 차례로 추가한다. scope 옵션에서 변수리스트를 설정해야 한다.
- backward: 모든 변수가 사용된 모델에서 모델을 개선할 수 있는 변수를 차례로 제거한다. scope 옵션은 지정하지 않는다.
- both: 변수의 추가, 삭제를 반복하면서 최적 모델을 찾는다. scope 옵션에서 변수리스트를 설정해야 한다.

1) forward 방법

```
d <- data.frame(f=c(8,17,10,-9,19,32), x=c(5,4,5,9,3,3)
               , y=c(13,14,13,15,14,19), z=c(28,25,24,21,23,23))
m <- lm(f~1, d)
m <- step(m,direction="forward",scope=(~x+y+z))
```

➡ 최초 최소모델에서 시작하여 모델을 개선하는 변수를 추가하여 모델을 만든다. direction 옵션은 "forward"를 사용한다.

위 코드의 실행 결과는 아래와 같다. 최종 모델은 x, y를 사용한 모델이다.

```
Start: AIC=32.27
f ~ 1

        Df  Sum of Sq     RSS     AIC
+x       1     813.88  116.95  21.820
<none>                 930.83  32.266
+y       1     263.27  667.57  32.271
+z       1      22.32  908.51  34.120

Step: AIC=21.82
f ~ x

        Df  Sum of Sq     RSS     AIC
+y       1    108.100   8.853  8.3341
<none>                116.953 21.8201
+z       1     28.438  88.515 22.1485

Step: AIC=8.33
f ~ x + y

        Df  Sum of Sq     RSS     AIC
<none>                 8.8532  8.3341
+z       1     0.5141  8.3391  9.9752
```

AIC(Akaike information criteria)는 모델의 상대적 품질을 나타내는 척도이다. 작을수록 좋다. 위의 실행 결과를 해석하면 아래와 같다.

- 1단계: 최소모델은 AIC가 32.27이다. x를 추가하면 AIC가 21.820이 되고, y를 추가하면 32.271, z를 추가하면 34.120이 된다.
- 2단계: x를 추가하여 AIC가 21.82로 개선된 상태에서 y를 추가하면 AIC가 8.33이 되고 z를 추가하면 22.1485가 된다.
- 3단계: y를 추가하여 AIC가 8.33으로 개선된 상태에서 z를 추가하면 ACI가 9.97이 되어 더 이상 개선되지 않으므로 탐색을 중지한다. 최종 모델은 x, y를 사용한 모델이 된다.

2) backward 방법

```
m <- lm(f~., d)
m <- step(m,direction="backward")
```

➡ 최초 모든 변수를 사용한 모델에서 변수를 제거하며 모델을 만든다. direction 옵션은 "backward"를 사용한다.

위 코드의 실행 결과는 아래와 같다. 최종 모델은 x, y를 사용한 모델이다.

```
Start: AIC=9.98
f ~ x + y + z

        Df  Sum of Sq     RSS     AIC
- z      1       0.51    8.85   8.334
<none>                   8.34   9.975
- y      1      80.18   88.52  22.149
- x      1     477.49  485.83  32.365

Step: AIC=8.33
f ~ x + y
```

```
        Df  Sum of Sq     RSS     AIC
<none>                   8.85   8.334
- y      1     108.10  116.95  21.820
- x      1     658.71  667.57  32.271
```

- 1단계: 최초 모델은 AIC가 9.98이다. z를 빼면 AIC가 8.334가 되고, y를 빼면 22.149, x를 빼면 32.365가 된다.
- 2단계: z를 뺀 모델은 AIC가 8.33으로 개선되고, y를 빼거나 x를 빼는 것은 모델의 개선이 없으므로 탐색을 중지한다.

3) both 방법

```
m <- lm(f~1, d)
m <- step(m,direction="both",scope=(~x+y+z))
```

➡ 독립변수를 사용하지 않는 최초 모델에서 변수를 추가 및 제거하며 모델을 만든다. direction 옵션은 "both"를 사용한다.

위 코드의 실행 결과는 아래와 같다. 최종 모델은 x, y를 사용한 모델이다.

```
Start: AIC=32.27
f ~ 1

        Df  Sum of Sq     RSS     AIC
+ x      1     813.88  116.95  21.820
<none>                 930.83  32.266
+ y      1     263.27  667.57  32.271
+ z      1      22.32  908.51  34.120

Step: AIC=21.82
f ~ x
```

```
          Df  Sum of Sq     RSS      AIC
+y         1     108.10    8.85    8.334
<none>                   116.95   21.820
+z         1      28.44   88.52   22.149
-x         1     813.88  930.83   32.266

Step: AIC=8.33
f~x+y

          Df  Sum of Sq     RSS      AIC
<none>                     8.85    8.334
+z         1       0.51    8.34    9.975
-y         1     108.10  116.95   21.820
-x         1     658.71  667.57   32.271
```

- 1단계: 최초 모델은 AIC가 32.27이고 x, y, z를 추가하는 경우의 AIC를 계산한다.
- 2단계: x를 추가한 모델이 AIC가 가장 작다(21.82). 그러므로 x를 추가한 모델에서 다시 y와 z를 추가하는 경우와, x를 빼는 경우의 AIC를 계산한다.
- 3단계: y를 추가한 경우 AIC가 8.33으로 개선된다. 그러므로 y를 추가한 모델에서 다시 z를 추가, y를 제거, x를 제거한 경우의 AIC를 계산하고 더 이상 개선이 없으므로 탐색을 중지한다.

6 사례분석 1 (중고차가격 예측)

중고자동차 가격데이터(ToyotaCorolla.csv)를 이용하여 회귀분석을 수행해보자. 다음 사이트(https://www.biz.uiowa.edu/faculty/jledolter/DataMining/)에서 파일을 다운로드할 수 있다. 데이터는 아래와 같은 형태를 보인다.

Price	Age	KM	FuelType	HP	MetColor	Automatic	CC	Doors	Weight
13500	23	46986	Diesel	90	1	0	2000	3	1165
13750	23	72937	Diesel	90	1	0	2000	3	1165
13950	24	41711	Diesel	90	1	0	2000	3	1165
14950	26	48000	Diesel	90	0	0	2000	3	1165
13750	30	38500	Diesel	90	0	0	2000	3	1170
12950	32	61000	Diesel	90	0	0	2000	3	1170
16900	27	94612	Diesel	90	1	0	2000	3	1245
18600	30	75889	Diesel	90	1	0	2000	3	1245
21500	27	19700	Petrol	192	0	0	1800	3	1185

Price	자동차거래가격
Age	연수
KM	주행거리
FuelType	엔진종류
HP	마력
MetColor	색상(메틸릭 or not), 1 or 0
Automatic	transmissions(automatic or not), 1 or 0
CC	cylinder volumne
Doors	도어수
Weight	자동차무게

```
d <- read.csv("ToyotaCorolla.csv")
```

➡ 데이터 읽어오기

Price와 Age 및 KM에 대해서 아래와 같이 그래프를 그려본다.

```
plot(Price~Age,data=d)
plot(Price~KM,data=d)
```

➡ 중고차가격은 연식과 주행거리에 반비례 관계가 있음을 알 수 있다.

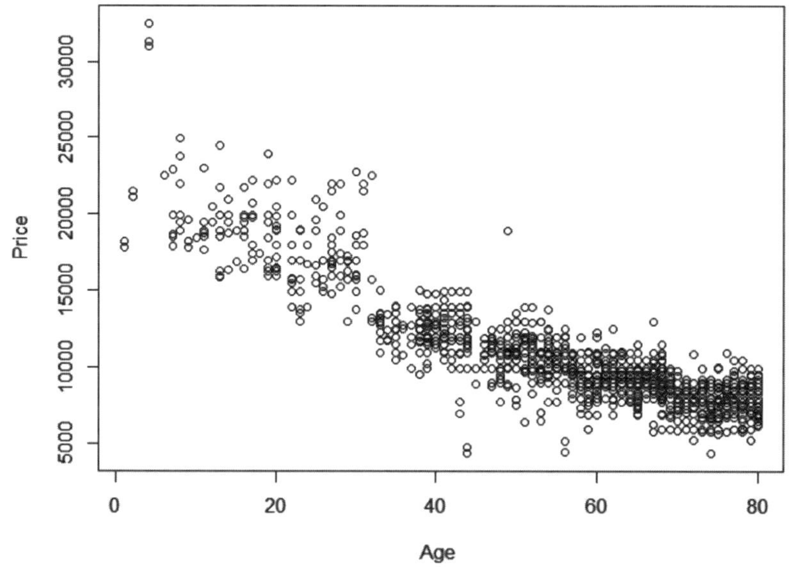

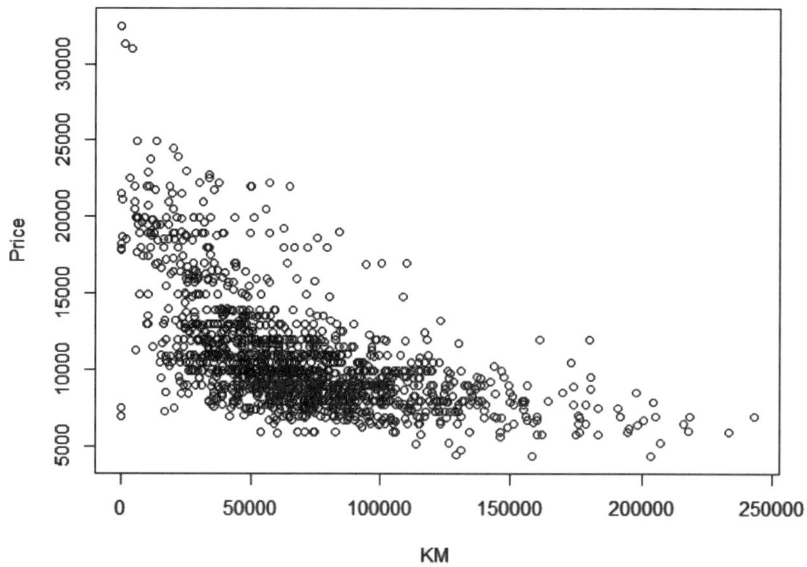

Price를 예측하는 단순회귀모델을 만들어본다.

```
m <- lm(Price ~ Age, d)
summary(m)
```

➡ Age를 사용한 경우 모델 결과는 아래와 같다.

```
Call:
lm(formula = Price ~ Age, data = d)

Residuals:
    Min      1Q  Median      3Q     Max
-8423.0  -997.4   -24.6   878.5 12889.7

Coefficients:
             Estimate Std. Error t value Pr(>|t|)
(Intercept) 20294.059    146.097  138.91   <2e-16 ***
Age          -170.934      2.478  -68.98   <2e-16 ***
---
Signif. codes: 0 '***' 0.001 '**' 0.01 '*' 0.05 '.' 0.1 ' ' 1

Residual standard error: 1746 on 1434 degrees of freedom
Multiple R-squared: 0.7684,  Adjusted R-squared: 0.7682
F-statistic: 4758 on 1 and 1434 DF, p-value: < 2.2e-16
```

Adjusted R-squared 값이 0.7682인 모델이 나왔다.

Price를 예측하는 중회귀모델을 만들어본다.

```
m <- lm(Price ~ ., d)
m <- step(m,direction="backward")
```

➡ 최초 모든 변수를 사용한 모델에서 변수를 빼가면서 AIC가 최저가 되는 지점에서 멈추고 모델을 완성한다. 위 알고리즘은 아래와 같은 상태에서 멈춘다.

```
Step: AIC=20634.66
Price ~ Age + KM + FuelType + HP + Automatic + CC + Weight

             Df   Sum of Sq         RSS    AIC
<none>                       2467868159  20635
- Automatic   1     7742808  2475610968  20637
- FuelType    2    76948600  2544816760  20675
- CC          1   104220881  2572089040  20692
- HP          1   201685813  2669553972  20746
- KM          1   266590740  2734458899  20780
- Weight      1   542342132  3010210291  20918
- Age         1  3826865035  6294733194  21977
```

최초 모든 변수를 사용한 모델에서 Doors와 MetColor 변수가 제거되었다.

앞에서 backward 방식으로 만든 최종 중회귀모델은 다음과 같다.

```
summary(m)
```

➡
```
Call:
lm(formula = Price ~ Age + KM + FuelType + HP + Automatic + CC + Weight, data = d)

Residuals:
     Min       1Q   Median     3Q     Max
-10593.9   -726.9     -2.3  720.1  6459.4

Coefficients:
                Estimate  Std. Error  t value  Pr(>|t|)
(Intercept)   -3.718e+03   1.261e+03   -2.948   0.00325 **
```

```
Age              -1.221e+02   2.596e+00   -47.041   < 2e-16 ***
KM               -1.625e-02   1.309e-03   -12.416   < 2e-16 ***
FuelTypeDiesel    3.388e+03   5.090e+02     6.655  4.03e-11 ***
FuelTypePetrol    1.112e+03   3.317e+02     3.353   0.00082 ***
HP                6.089e+01   5.639e+00    10.799   < 2e-16 ***
Automatic         3.305e+02   1.562e+02     2.116   0.03452 *
CC               -4.168e+00   5.369e-01    -7.763  1.57e-14 ***
Weight            1.994e+01   1.126e+00    17.709   < 2e-16 ***
---
Signif. codes: 0 '***' 0.001 '**' 0.01 '*' 0.05 '.' 0.1 ' ' 1

Residual standard error: 1315 on 1427 degrees of freedom
Multiple R-squared: 0.8693,  Adjusted R-squared: 0.8685
F-statistic: 1186 on 8 and 1427 DF,  p-value: < 2.2e-16
```

Adjusted R-squared 값은 0.8685가 나왔다. 최초 단순회귀모델보다 좋은 모델이다.

forward 알고리즘을 사용하는 경우 동일한 모델이 나오지만 단계가 더 많아진다. 결과적으로 유의한 변수가 많은 backward 모델이 더 효율적이라고 볼 수 있다.

```
m <- lm(Price ~ 1, d)
m <- step(m,direction="forward",
scope=(~Age+KM+FuelType+HP+MetColor
      +Automatic+CC+Doors+Weight))
```

➡ forward 알고리즘으로 완성된 최종 형태는 아래와 같다.

```
Step: AIC=20634.66
Price ~ Age + Weight + KM + HP + CC + FuelType + Automatic

            Df  Sum of Sq        RSS    AIC
<none>                    2467868159  20635
+ MetColor   1     979873 2466888286  20636
+ Doors      1      37953 2467830206  20637
```

최초 빈 모델에서 Doors와 MetColor 변수만 빼고 모든 변수가 추가되었다.

7 사례분석 2 (주택가격 예측)

보스턴하우징(BostonHousing) 데이터는 보스턴 지역의 주택가격을 예측하기 위한 데이터다. 총 14개 변수와 506개 관측치가 있다. 데이터를 사용하려면 아래 코드를 사용해야 한다. forward 알고리즘으로 주택가격(medv)을 예측하는 중선형회귀모형을 만들어보자.

```
library(mlbench)
data("BostonHousing")
```

데이터에 대한 설명은 아래 표와 같다.

변수이름	변수 설명
crim	범죄율(%)
zn	2만 5,000평방피트를 초과하는 거주지역의 비율(%)
indus	비소매상업지역이 점유하고 있는 토지의 비율(%)
chas	찰스강의 경계에 위치한 경우는 1, 아니면 0
nox	10ppm당 농축 일산화질소
rm	주택 1가구당 평균 방의 개수
age	1940년 이전에 건축된 소유주택의 비율(%)
dis	5개의 보스톤 직업센터까지의 접근성 지수
rad	방사형 도로까지의 접근성 지수
tax	1만 달러당 재산세율
ptratio	town별 학생/교수 비율
b	$1000 * (\text{흑인비율} - 0.63)^2$
lstat	인구 중하위 계층의 비율(%)
medv	본인 소유의 주택가격의 중앙값

```
library(mlbench)
data("BostonHousing")
m <- lm(medv~ 1,BostonHousing)
m <-
step(m,direction="forward"
     ,scope=(~zn+indus+chas+nox+rm+age+dis
             +rad+tax+ptratio+b+lstat))
summary(m)
```

➡ mlbench 패키지 및 BostonHousing 데이터를 로딩한다.
빈 선형회귀모델을 만들고, forward 알고리즘으로 모델을 개선한다.

forward 알고리즘의 진행 순서는 아래와 같다.

```
Start: AIC=2246.51
medv ~ 1
```

➡ 최초 빈 모델은 AIC가 2246.51이다.

```
Step: AIC=1851.01
medv ~ lstat
```

➡ lstat 변수를 사용한 모델은 AIC가 1851.01로 개선된다.

```
Step: AIC=1735.58
medv ~ lstat + rm
```

➡ lstat, rm 변수를 사용한 모델은 AIC가 1735.58로 개선된다.

```
Step: AIC=1678.13
medv ~ lstat + rm + ptratio
```

➡ lstat, rm, ptratio 변수를 사용한 모델은 AIC가 1678.13으로 개선된다.

```
Step: AIC=1661.39
medv ~ lstat + rm + ptratio + dis
```

➡ lstat, rm, ptratio, dis 변수를 사용한 모델은 AIC가 1661.39로 개선된다.

```
Step: AIC=1633.47
medv ~ lstat + rm + ptratio + dis + nox
```

➡ lstat, rm, ptratio, dis, nox 변수를 사용한 모델은 AIC가 1633.47로 개선된다.

```
Step: AIC=1621.97
medv ~ lstat + rm + ptratio + dis + nox + chas
```

➡ lstat, rm, ptratio, dis, nox, chas 변수를 사용한 모델은 AIC가 1621.97로 개선된다.

```
Step: AIC=1612.47
medv ~ lstat + rm + ptratio + dis + nox + chas + b
```

➡ lstat, rm, ptratio, dis, nox, chas, b 변수를 사용한 모델은 AIC가 1612.47로 개선된다.

```
Step: AIC=1606.31
medv ~ lstat + rm + ptratio + dis + nox + chas + b + zn
```

➡ lstat, rm, ptratio, dis, nox, chas, b, zn 변수를 사용한 모델은 AIC가 1606.31로 개선된다.

```
Step: AIC=1604.24
medv ~ lstat + rm + ptratio + dis + nox + chas + b + zn + rad
```

➡ lstat, rm, ptratio, dis, nox, chas, b, zn, rad 변수를 사용한 모델은 AIC가 1604.24로 개선된다.

```
Step: AIC=1594.84
medv ~ lstat + rm + ptratio + dis + nox + chas + b + zn + rad + tax
```

➡ lstat, rm, ptratio, dis, nox, chas, b, zn, rad, tax 변수를 사용한 모델은 AIC가 1594.84로 개선된다(현재 모델이 최적 모델임). 나머지 변수 indus, age를 넣으면 해의 개선이 없다.

생성된 최종 모델은 다음과 같다.

```
medv = 35.225508 - 0.547851*lstat + 3.832274*rm - 0.935501*ptratio
       - 1.420274*dis - 16.511255*nox + 2.871517*chas1 + 0.01032*b
       + 0.041732*zn + 0.238893*rad - 0.01143*tax
```

6장

분류분석

회귀분석은 데이터 변수 간의 관계를 선형모델로 학습하지만 데이터마이닝(data mining)은 좀 더 복잡하고 다양한 모델을 이용하여 변수 간의 관계를 파악하여 경영에 도움이 되는 지식을 추출하는 방법론이다. 데이터마이닝을 사용하는 단계는 아래와 같다.

① **데이터 수집 단계**: 과거 관측데이터를 수집한다.
② **모델 학습 단계**: 과거 관측데이터를 이용하여 데이터마이닝 모델을 생성하거나 학습한다.
③ **모델 적용 단계**: 새로운 관측데이터를 이용하여 현재 상황을 파악하고 경영 의사결정에 반영한다.

데이터마이닝 모델은 적용 분야에 따라 다양하다.

종류	사용모델	응용 예
분류분석: 관측치를 이용하여 상황을 분류함	로지스틱 회귀모델, 의사결정나무, 서포트벡터머신, 인공신경망	이메일 내용을 분석하여 스팸, 일반 메일로 분류함
군집분석: 관측치들을 비슷한 특성을 가진 그룹으로 모음	K-means 군집	고객군별 타깃마케팅, 제품카테고리를 구성함
연관분석: 관측치끼리의 관계를 찾아냄	연관분석, 고객추천	연관성 있는 상품을 이용해 고객에게 상품을 추천함

분류분석을 평가할 때는 정확도(accuracy), 정밀도(precision), 재현율(recall) 지표를 사용한다. 일단 우리가 아는 실제값과 예측값을 이용하여 아래와 같은 오분류표(confusion maxtrix)를 만든다.

		예측	
		N	P
실제	N	TN	FP
	P	FN	TP

- P : Positive(긍정), N : Negative(부정)
- TN : True Negative (올바른 부정 빈도)
- FN : False Negative (잘못된 부정 빈도)
- FP : False Positive (잘못된 긍정 빈도)
- TP : True Positive (올바른 긍정 빈도)

위 오분류표를 이용하여 아래와 같은 모델 평가지표를 계산할 수 있다.

정확도(accuracy)	(TN+TP) / (TN+FP+FN+TP)	전체 예측에서 옳은 예측의 비율
정밀도(precision)	TP / (FP+TP)	P로 예측된 것 중 실제로 P인 경우의 비율
재현율(recall)	TP / (FN+TP)	실제로 P인 것들 중 예측이 P로 된 경우의 비율

1 로지스틱 회귀모델

일반회귀모델의 종속변수는 연속형 데이터를 사용한다. 만일 분류문제에 회귀모델을 사용하려면 예측해야 할 종속변수가 범주형이므로 회귀모델을 변형해야 한다. 이렇게 변형된 회귀모델을 '로지스틱 회귀모델(logistic regression)'이라고 한다. 로지스틱 회귀모델은 입력관측치(x)를 이용하여 특정 분류에 대한 확률값(p)을 예측하는 아래와 같은 모델식을 사용한다.

$$p = \frac{e^{(ax+b)}}{1+e^{(ax+b)}}$$

	a	b			
	16.98	-107.13			
index	x	y	ax+b	exp(ax+b)	exp(ax+b)/(1+exp(ax+b))
1	3.065452	C1	-55.0786	1.2013.E-24	1.2013.E-24
2	4.524826	C1	-30.2985	6.9430.E-14	6.9430.E-14
3	4.968014	C1	-22.7731	1.2875.E-10	1.2875.E-10
4	3.192178	C1	-52.9268	1.0332.E-23	1.0332.E-23
5	1.037793	C1	-89.5083	1.3398.E-39	1.3398.E-39
6	8.607575	C2	39.02662	8.8930.E+16	1.0000.E+00
7	7.65505	C2	22.85275	8.4105.E+09	1.0000.E+00
8	8.508116	C2	37.33781	1.6429.E+16	1.0000.E+00
9	8.635124	C2	39.49441	1.4197.E+17	1.0000.E+00
10	8.560212	C2	38.2224	3.9790.E+16	1.0000.E+00

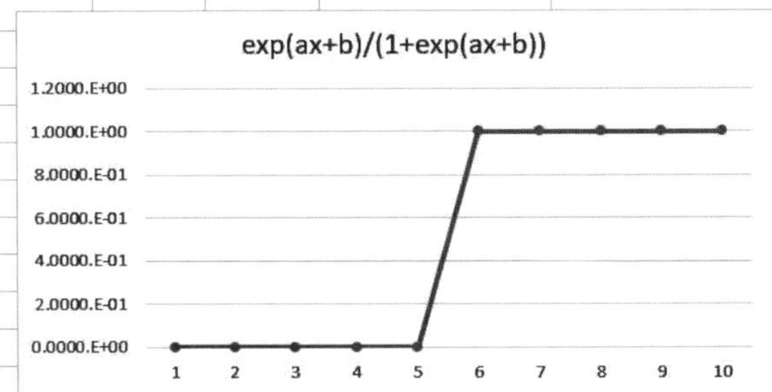

위 모델은 2가지 분류문제에 사용되는 모델(binomial logistic regression model)이며, P > 0.5이면 분류 C2, P <= 0.5이면 분류 C1으로 판단한다. 주어진 데이터를 잘 분류할 수 있도록 a, b 값을 찾는 문제는 최우추정법(maximum liklihood estimation)이라는 방법을 사용하는데 통계패키지에서 자동으로 계산해준다.

분류가 3개 이상인 문제(multinomial logistic regression model)에서는 아래와 같은 예측모델을 사용한다.

$$3번\ 분류확률 = \frac{e^{(a_3x+b_3)}}{1+e^{(a_2x+b_2)}+e^{(a_3x+b_3)}}$$

$$2번\ 분류확률 = \frac{e^{(a_2x+b_2)}}{1+e^{(a_2x+b_2)}+e^{(a_3x+b_3)}}$$

$$1번\ 분류확률 = 1-2번\ 분류확률-3번\ 분류확률$$

이러한 경우 통계패키지는 주어진 데이터를 잘 분류할 수 있도록 최적의 a_2, a_3, b_2, b_3 값을 찾아준다.

	a	b							
C2	3.77997	-23.36							
C3	6.49522	-53.207							
			C2	C3	C2	C3	확률		
index	x	y	ax+b	ax+b	exp(ax+b)	exp(ax+b)	C1	C2	C3
1	3.06545	C1	-11.7731	-33.2962	7.70955E-06	3.46452E-15	1.0000	0.0000	0.0000
2	4.52483	C1	-6.25666	-23.8172	0.001917642	4.53212E-11	0.9981	0.0019	0.0000
3	4.96801	C1	-4.58142	-20.9386	0.010240333	8.06239E-10	0.9899	0.0101	0.0000
4	3.19218	C1	-11.294	-32.4731	1.2447E-05	7.89072E-15	1.0000	0.0000	0.0000
5	1.03779	C1	-19.4375	-46.4663	3.61728E-09	6.60609E-21	1.0000	0.0000	0.0000
6	8.60758	C2	9.17601	2.70111	9662.559786	14.89628569	0.0001	0.9984	0.0015
7	7.65505	C2	5.5755	-3.48575	263.8806727	0.030630823	0.0038	0.9961	0.0001
8	8.50812	C2	8.80006	2.0551	6634.653648	7.80764759	0.0002	0.9987	0.0012
9	8.63512	C2	9.28015	2.88005	10723.02204	17.81514151	0.0001	0.9982	0.0017
10	8.56021	C2	8.99698	2.39348	8078.674684	10.95152534	0.0001	0.9985	0.0014
11	14.3192	C3	30.7659	39.7996	2.29864E+13	1.92641E+17	0.0000	0.0001	0.9999
12	13.3141	C3	26.9665	33.2709	5.14495E+11	2.81422E+14	0.0000	0.0018	0.9982
13	13.6558	C3	28.2581	35.4904	1.87216E+12	2.58985E+15	0.0000	0.0007	0.9993
14	13.3737	C3	27.192	33.6585	6.44676E+11	4.14654E+14	0.0000	0.0016	0.9984
15	14.0252	C3	29.6545	37.8899	7.56492E+12	2.85346E+16	0.0000	0.0003	0.9997

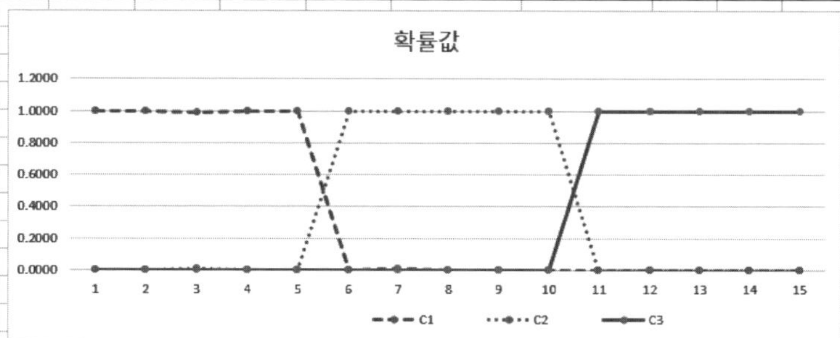

위 엑셀시트는 관측값 x를 이용한 3가지 분류모델이다. 시트 아래쪽 분류 확률값 C1, C2, C3 그래프를 보면 1~5인 경우 C1값이 높게 나오며, 6~10인 경우 C2값이 높고, 11~15인 경우 C3값이 높은 것을 확인할 수 있다.

1) 이항 로지스틱 회귀분석

R에서 로지스틱 회귀모델은 glm( ) 함수를 사용한다. 아래 데이터를 이용하여 로지스틱 회귀모델을 만들어보자. 아래 예는 분류 종류가 2개인 경우이다.

관측번호	1	2	3	4	5	6
변수 x	1	2	3	13	15	20
변수 y	13	14	13	13	14	14
변수 f(분류값)	A	A	A	B	B	B

```
①d <-data.frame(f=c('A','A','A','B','B','B'),x=c(1,2,3,13,15,20)
              ,y=c(13,14,13,13,14,14))
②plot(d$x,d$y,type='n')
text(d$x,d$y,labels=d$f)
```

➡ ① 샘플데이터를 생성한다.
② 아래와 같은 그래프를 그리고, 각 위치에 분류라벨을 표시한다.

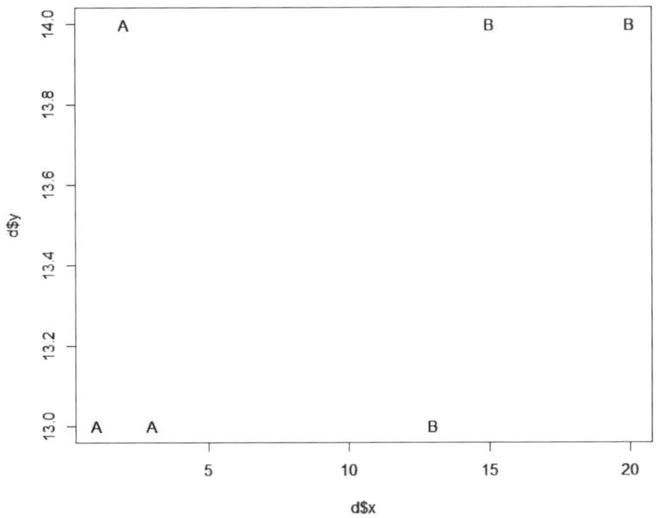


```
①m <-glm(f~x+y,data=d,family="binomial")
②prob <-fitted(m)
```

➡ ① 샘플데이터 d를 이용하여 로지스틱 회귀 분류모델을 만든다.
② prob는 모델 생성에 사용된 관측치를 이용하여 실제 분류 예측값을 보여준다. 6개 데이터에 대한 예측값은 [0,1] 사잇값을 가지게 된다. 0에 가까우면 분류 A, 1에 가까우면 분류 B를 의미한다. 분류문자를 알파벳 순으로 나열할 때 뒤쪽 문자가 값 1에 할당된다.

```
           1            2            3            4            5            6
2.220446e-16 2.220446e-16 1.069242e-10 1.000000e+00 1.000000e+00 1.000000e+00
```

```
dd <-data.frame(x=3,y=17)
prob <-predict(m,newdata=dd,type="response")
```

➡ 새로운 데이터 x=3, y=17을 dd 변수로 생성한 후 어느 분류에 속하는지 예측하기 위한 코드이다. 위 예측값은 1이고, 제시된 관측치는 B로 분류될 수 있다.

```
①prob <-predict(m,newdata=d,type="response")
②pre <-ifelse(prob>0.5,'B','A')
③correct <-ifelse(pre==d$f,1,0)
correct_rate <-sum(correct)/NROW(correct)
```

➡ ① 모델에서 사용된 샘플데이터를 이용하여 분류를 예측해본다.
② 확률값을 분류문자로 변환하는 코드이다.
위 코드에서 pre는 "A" "A" "A" "B" "B" "B"이다.
③ 실제 데이터와 비교하고 정확도를 계산할 수 있다.

2) 다항 로지스틱 회귀분석

아래 데이터처럼 분류 종류가 3개 이상인 경우에는 다항 로지스틱 회귀모델을 사용한다. R에서는 multinom( ) 함수를 사용한다.

관측번호	1	2	3	4	5	6	7	8
변수 x	2	1	7	8	1	3	7	8
변수 y	3	2	2	3	9	8	9	8
변수 f(분류값)	A	A	B	B	C	C	D	D

```
①d <-data.frame(f=c('A','A','B','B','C','C','D','D')
                , x=c(2,1,7,8,1,3,7,8)
                , y=c(3,2,2,3,9,8,9,8))
②plot(d$x,d$y,type='n')
text(d$x,d$y,labels=d$f)
```

➡ ① 샘플데이터를 생성한다.
② 다음과 같은 그래프를 그리고, 각 위치에 분류라벨을 표시한다.

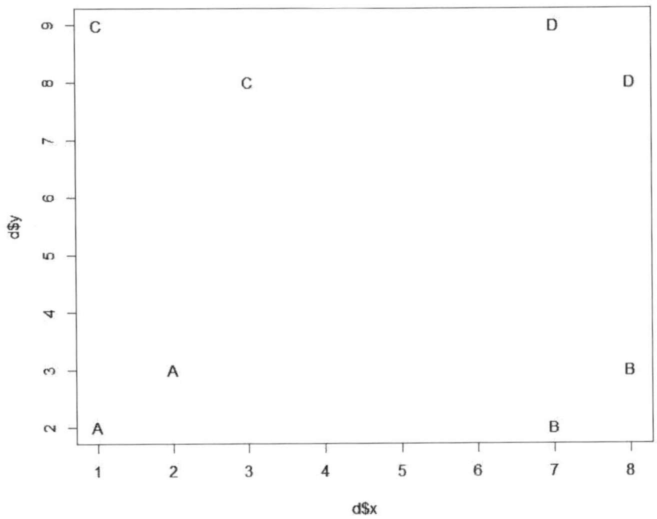


```
①library(nnet)
②m <- multinom(f~x+y,data=d)
③prob <- fitted(m)
```

➡ ① 함수를 사용하기 위해 library(nnet)을 로딩해야 한다.
② x, y 값으로 분류값(f)을 예측하는 모델을 생성한다.
③ 관측데이터를 이용한 예측 결과 prob는 아래와 같다. 8개의 데이터에 대해서 각 분류확률을 나타낸다.

	A	B	C	D
1	9.999337e-01	1.177468e-07	1.997383e-05	4.616960e-05
2	9.999856e-01	4.163474e-07	1.352954e-05	4.041449e-07
3	1.845876e-10	1.000000e+00	2.126571e-31	1.433579e-08
4	6.526558e-10	9.999942e-01	1.110101e-30	5.790883e-06
5	8.633579e-16	8.245293e-45	1.000000e+00	1.920159e-17
6	1.381330e-07	5.320648e-28	9.999995e-01	3.727691e-07
7	2.339796e-07	2.907558e-20	2.307677e-08	9.999997e-01
8	4.632276e-08	4.787118e-15	1.361403e-14	1.000000e+00

```
dd <- data.frame(x=3,y=17)
pre <- predict(m,newdata=dd,type="class")
```

➡ 새로운 데이터(x=3, y=17)일 경우 어느 분류에 속하는지 예측하기 위한 코드이다. 예측 결과

pre는 C로 나온다. 다항 로지스틱 회귀모델에서 type 옵션은 'class'와 'probs'를 사용할 수 있는데, 'class'인 경우 분류문자를 바로 표시해주고 'probs'인 경우는 각 분류에 대한 확률값을 보여준다.

※ 이항 로지스틱 회귀모델에서는 type 옵션을 class로 사용할 수 없다.

```
pre <- predict(m,newdata=d,type="class")
correct <- ifelse(pre==d$f,1,0)
correct_rate <- sum(correct)/NROW(correct)
```

➡ 관측데이터를 이용한 예측 결과를 pre에 저장한다. 실제 데이터와 비교하여 correct 벡터를 만들고 정확도를 측정한다.

2 의사결정나무 모델

1) 개요

의사결정나무 모델(decision tree model)은 의사결정규칙을 나무구조로 도표화하여 분류를 수행하는 분석 방법이다. 기존 데이터를 이용하여 고객 특성을 파악하기 위한 분류규칙을 만들고, 특성이 파악되지 않는 미래 고객의 특성을 파악하는 데 사용할 수 있다. 아래와 같은 응용이 가능하다.

- 보험사기, 돈세탁 등 범죄사건에 대해 범죄자와 일반 사람들의 분리기준을 찾아 위험고객을 사전에 관리
- 금융사의 우량고객과 보통고객을 분류하는 규칙을 생성하여 마케팅에 활용

의사결정나무 마디 생성 원리는 다음과 같다.

- 부모마디보다 자식마디들의 불순도가 작아지도록 자식마디를 형성해나간다.
- 가능한 방법 중 불순도가 작아지는 분리기준을 찾는다.
- 불순도 측정에는 대표적으로 지니지수를 사용한다.

각 노드의 지니지수 $= 1 - (\text{범주1의 빈도수}/\text{노드 전체 빈도수})^2 - (\text{범주2의 빈도수}/\text{노드 전체 빈도수})^2$

$$\text{분류기준의 정확도 점수} = \frac{1}{\sum(\text{각 노드 지니지수} * \frac{\text{각 노드의 전체 빈도수}}{\text{부모노드의 전체 빈도수}})}$$

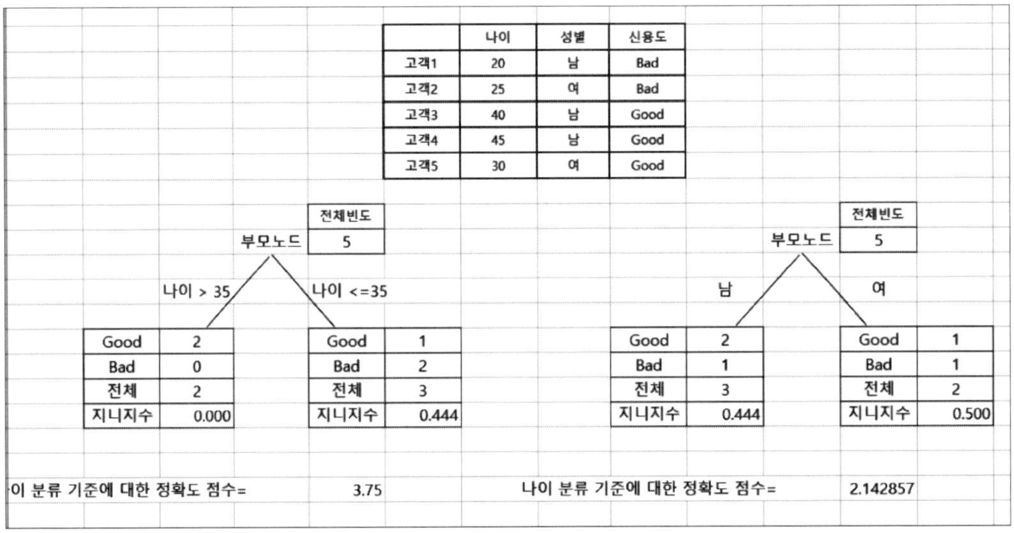

	나이	성별	신용도
고객1	20	남	Bad
고객2	25	여	Bad
고객3	40	남	Good
고객4	45	남	Good
고객5	30	여	Good

	전체빈도
부모노드	5

나이 > 35

Good	2
Bad	0
전체	2
지니지수	0.000

나이 <=35

Good	1
Bad	2
전체	3
지니지수	0.444

이 분류 기준에 대한 정확도 점수= 3.75

	전체빈도
부모노드	5

남

Good	2
Bad	1
전체	3
지니지수	0.444

여

Good	1
Bad	1
전체	2
지니지수	0.500

나이 분류 기준에 대한 정확도 점수= 2.142857

의사결정나무 모델은 다수의 조건식을 이용하여 주어진 관측치를 판단하고 분류를 수행하는 모델이다. 여기서 나무(tree)는 아래 그림과 같은 가지 모양을 표현한 용어이다.

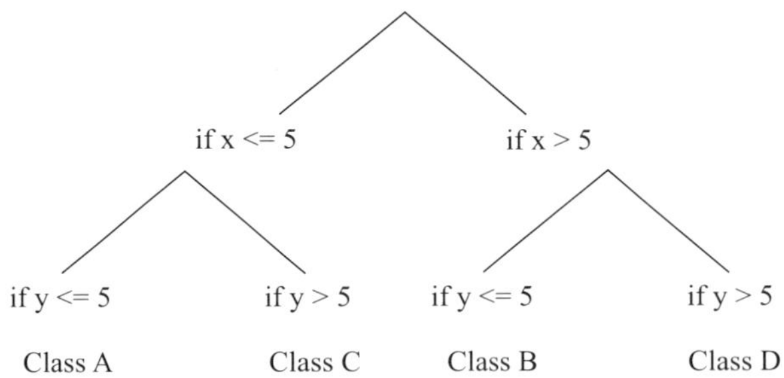

2) rpart 패키지

R에서 의사결정나무 모델을 사용하려면 "rpart" 패지지가 필요하다.

```
①da <- data.frame(f=rep('A',20),x=runif(20,0,5),y=runif(20,0,5))
db <- data.frame(f=rep('B',20),x=runif(20,5,10),y=runif(20,0,5))
dc <- data.frame(f=rep('C',20),x=runif(20,0,5),y=runif(20,5,10))
dd <- data.frame(f=rep('D',20),x=runif(20,5,10),y=runif(20,5,10))
②d <- rbind(da,db,dc,dd)
③plot(d$x,d$y,type='n')
text(d$x,d$y,labels=d$f)
```

➡ ① 샘플데이터를 생성한다.
② 4가지 데이터를 행으로 합친다.
③ 아래와 같은 그래프를 그리고, 각 위치에 분류라벨을 표시한다.

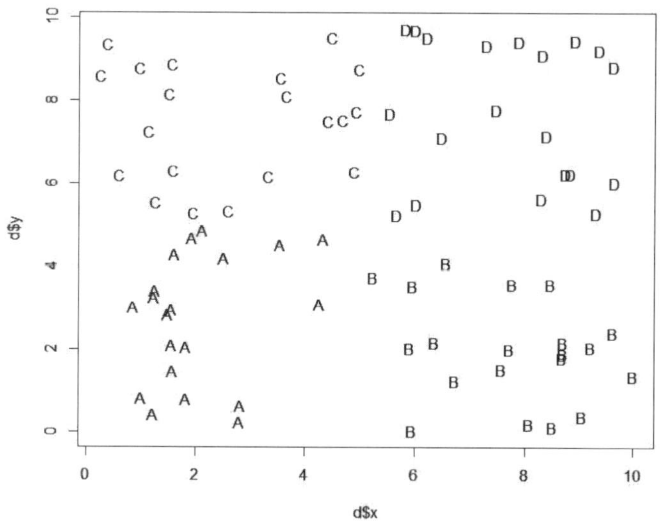


```
install.packages('rpart')
library(rpart)
①m <- rpart(f ~ x+y,data=d)
```

➡ ① 분류모델을 생성한다. 데이터 d를 분석하여 생성된 의사결정나무 모델은 다음과 같다.

```
n= 80
node), split, n, loss, yval, (yprob)
    * denotes terminal node
1) root 80 60 A (0.2500000 0.2500000 0.2500000 0.2500000)
  2) x< 4.995276 40 20 A (0.5000000 0.0000000 0.5000000 0.0000000)
    4) y< 4.961127 20  0 A (1.0000000 0.0000000 0.0000000 0.0000000) *
    5) y>=4.961127 20  0 C (0.0000000 0.0000000 1.0000000 0.0000000) *
  3) x>=4.995276 40 20 B (0.0000000 0.5000000 0.0000000 0.5000000)
    6) y< 4.921296 20  0 B (0.0000000 1.0000000 0.0000000 0.0000000) *
    7) y>=4.921296 20  0 D (0.0000000 0.0000000 0.0000000 1.0000000) *
```

* 표시가 있는 행이 최종 결정노드이다.

4) x < 4.99 그리고 y < 4.96이면 분류 A
5) x < 4.99 그리고 y >= 4.96이면 분류 C
6) x >= 4.99 그리고 y < 4.92이면 분류 B
7) x >= 4.99 그리고 y >= 4.92이면 분류 D

prp( ) 함수를 이용하여 생성된 의사결정나무 모델을 그림으로 표현할 수 있다. prp를 사용하려면 rpart.plot 패키지가 필요하다.

```
install.packages('rpart.plot')
library(rpart.plot)
prp(m,type=4,digits=3)
```

➡ 위 코드를 실행하면 R에서 아래와 같은 그림이 출력된다.

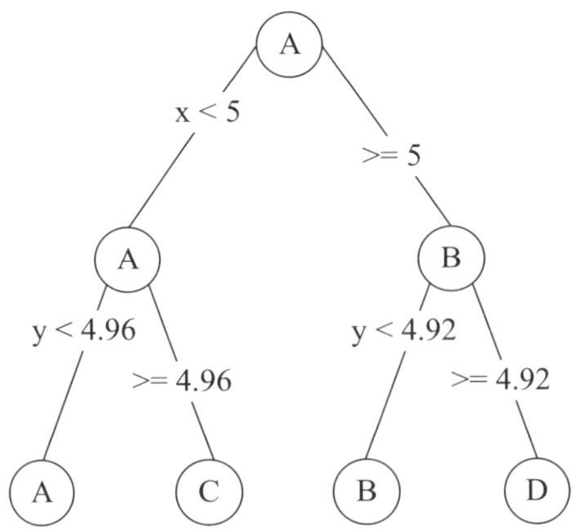

predict( ) 함수를 이용하여 새로운 데이터에 대한 분류를 수행할 수 있다.

```
test <- data.frame(x=3,y=10)
predict(m,newdata=test,type="class")
```

➡ 위 코드를 실행하면 주어진 데이터(x=3, y=10)에 대하여 분류 C로 판단을 내리게 된다.

3) party 패키지

rpart( ) 함수 모델의 성능이 잘 나오지 않을 경우, 통계적 유의성에 대한 판단으로 노드를 분할하는 알고리즘을 사용한 조건부 추론나무 모델을 사용할 수 있다. "party"라는 패키지를 사용한다.

```
install.packages('party')
library(party)
cm <- ctree(f ~ x+y,data=d)
plot(cm)
```

➡ 위 코드를 실행하면 R에서 아래와 같은 모델 그림이 출력된다. 모델은 5개의 노드로 구성되며, 각 노드마다 분류된 결과를 보여준다. 노드 6에서 분류 C가 60%, 분류 D가 40% 존재한다.

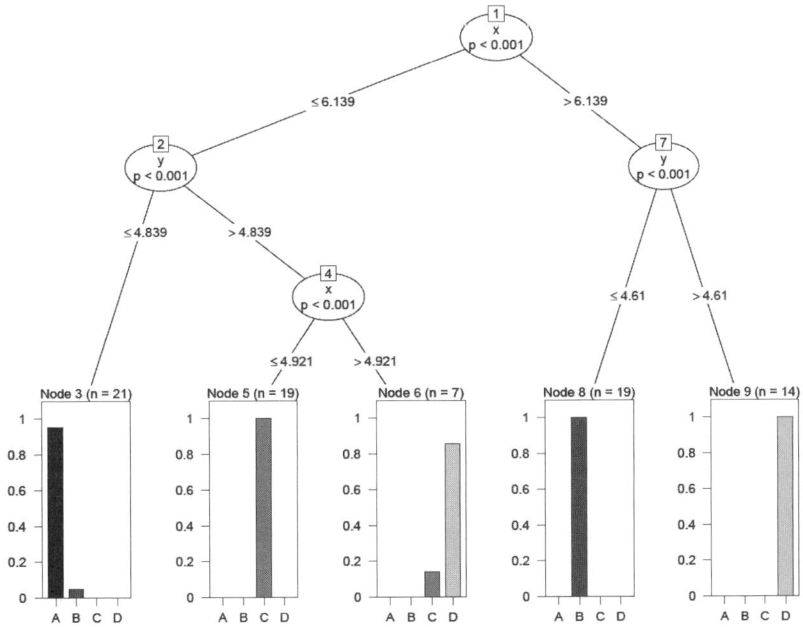

마찬가지로 predict( ) 함수를 이용하여 새로운 데이터에 대한 분류를 수행할 수 있다.

```
test <-data.frame(x=3,y=10)
predict(cm,newdata=test,type="response")
```

➡ 위 코드를 실행하면 주어진 데이터(x=3, y=10)에 대하여 분류 C로 판단을 내리게 된다.

4) randomForest 패키지

랜덤포레스트는 의사결정나무 모델의 성능을 높이기 위해 여러 개의 모델을 만들어 예측 정확도를 향상시키는 방법이다. "randomForest" 패키지를 설치하고 randomForest( ) 함수를 사용한다.

```
install.packages('randomForest')
library(randomForest)
rm <-randomForest(f ~ x+y, data=d)
```

➡ 모델 rm은 아래와 같이 생성된다.

```
Call:
 randomForest(formula = f ~ x + y, data = d)
               Type of random forest: classification
                     Number of trees: 500
No. of variables tried at each split: 1

        OOB estimate of  error rate: 1.25%
Confusion matrix:
   A  B  C  D class.error
A 20  0  0  0        0.00
B  0 20  0  0        0.00
C  0  0 20  0        0.00
D  0  0  1 19        0.05
```

랜덤포레스트에서 데이터 일부를 이용하여 모델을 생성하고, 사용하지 않은 데이터로 분류를 테스트해본다. 위 모델에서 OOB는 이 테스트에 대한 오류비율을 나타낸다.
Confusion matrix는 전체 데이터에 대한 분류 결과를 보여준다. 분류 D 전체 20개 중에 1개가 C로 오분류된 것을 알 수 있다.

마찬가지로 predict( ) 함수를 이용하여 새로운 데이터에 대한 분류를 수행할 수 있다.

```
test <- data.frame(x=3,y=10)
predict(rm,newdata=test)
```

➡ 위 코드를 실행하면 주어진 데이터(x=3, y=10)에 대하여 분류 C로 판단을 내리게 된다.

3 서포트벡터머신

서포트벡터머신(support vector machine, SVM)은 데이터를 선이나 평면으로 잘라 분류하는 방법이다. 최적의 분류를 위한 초평면을 수학적으로 생성하는 알고리즘을 사용한다. 공간 변환을 통해서 비선형 분류에도 적용할 수 있다.

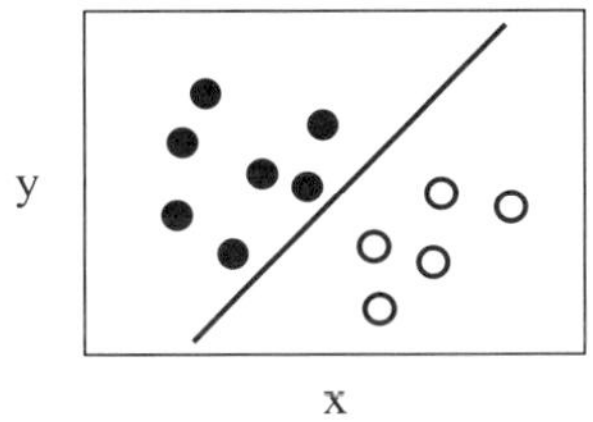

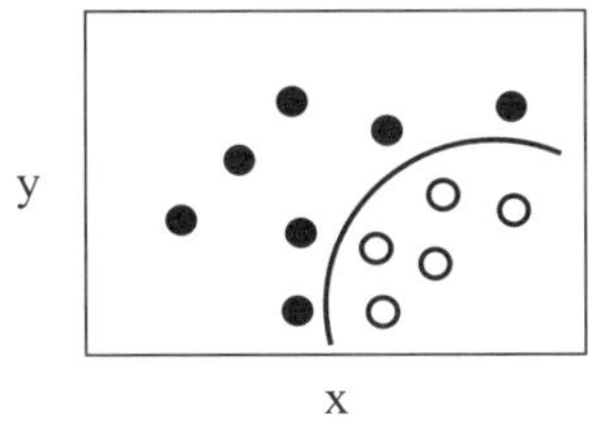

SVM을 사용하기 위해 "e1071" 패키지를 이용한다.

```
install.packages("e1071")
library(e1071)
set.seed(1)
da <-data.frame(f=rep('A',10),x=runif(10,0,6),y=runif(10,0,6))
db <-data.frame(f=rep('B',10),x=runif(10,4,10),y=runif(10,4,10))
d <-rbind(da,db)
plot(d$x,d$y,'n')
text(d$x,d$y,labels=d$f)
sm <-svm(f ~ x + y, data=d)
```

➡ 아래와 같은 샘플데이터를 생성하고, svm( ) 함수를 이용하여 svm 모델을 생성할 수 있다.

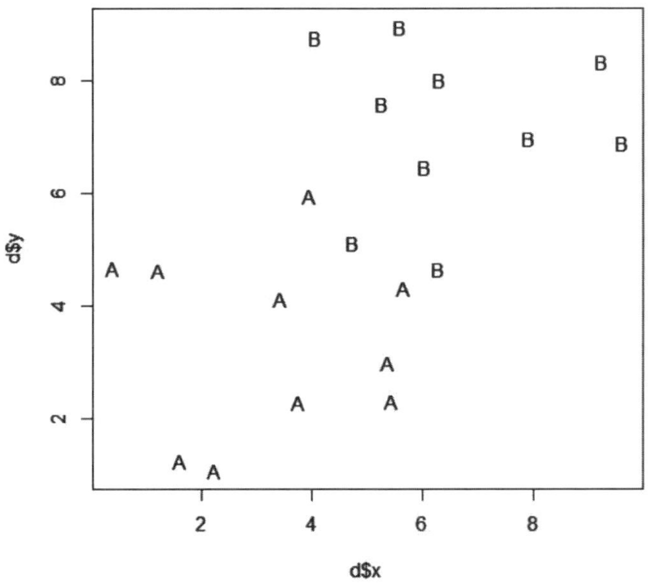

마찬가지로 predict( ) 함수를 이용하여 새로운 데이터에 대한 분류를 수행할 수 있다.

```
test <-data.frame(x=3,y=10)
predict(sm,newdata=test)
```

➡ 위 코드를 실행하면 주어진 데이터(x=3, y=10)에 대하여 분류 C로 판단을 내리게 된다.

4 신경망

신경망(neural network)은 뇌의 뉴런과 시냅스로 구성된 신경체계와 비슷한 형태를 지닌 모델이다. 아래와 같이 각 층의 노드(동그라미)가 뉴런과 같은 역할을 하고 연결선이 시냅스와 유사하다. 뇌의 시냅스는 뉴런에서 받은 자극을 다른 뉴런으로 전달하는 역할을 하게 되는데 시냅스는 적절한 자극에 올바르게 반응할 수 있도록 하는 학습기능을 가지고 있다. 신경망에서는 이러한 학습기능을 모방하여 관측된 데이터의 입력값과 출력값을 이용해 내부 가중치( )를 조정하게 되는데, 입력값에 대하여 적절한 분류 확률값이 출력층에서 계산되도록 학습이 일어난다. 신경망 입력치는 0~1 사이 실수값을 가지도록 변환해야 한다.

신경망은 구조가 커지면 학습이 어렵고 학습시간이 기하급수적으로 증가하는 단점이 있었다. 하지만 최근 빠른 학습방법이 개발되고 분산컴퓨팅 환경이 좋아지면서 성능이 월등히 좋아졌다. 복잡한 문제를 해결하기 위해서는 은닉층과 노드수를 많이 사용해야 하는데 이러한 신경망을 '딥러닝(deep learning) 신경망'이라고 한다.

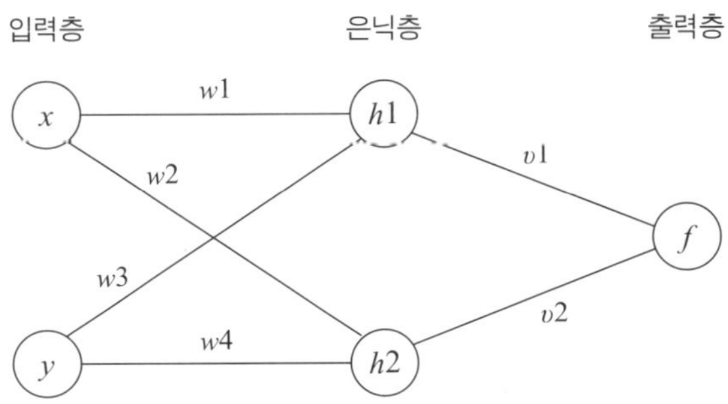

$$h1 = \frac{1}{1+e^{-(x*w1+y*w3)}}$$

$$h2 = \frac{1}{1+e^{-(x*w2+y*w4)}}$$

$$f = \frac{1}{1+e^{-(h1*v1+h2*v2)}}$$

아래 그림처럼 가중치가 구해지면 입력값 x=0.25, y=0.36일 때 출력값 f=0.0(분류 A)이 나온다.

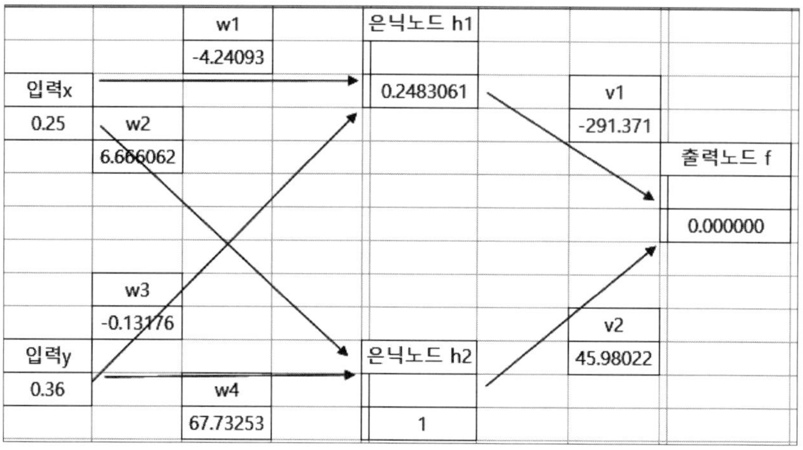

아래 그림처럼 동일한 가중치를 사용하고 입력값 x=0.78, y=0.68일 때 출력값 f=1.0(분류 B)이 나온다.

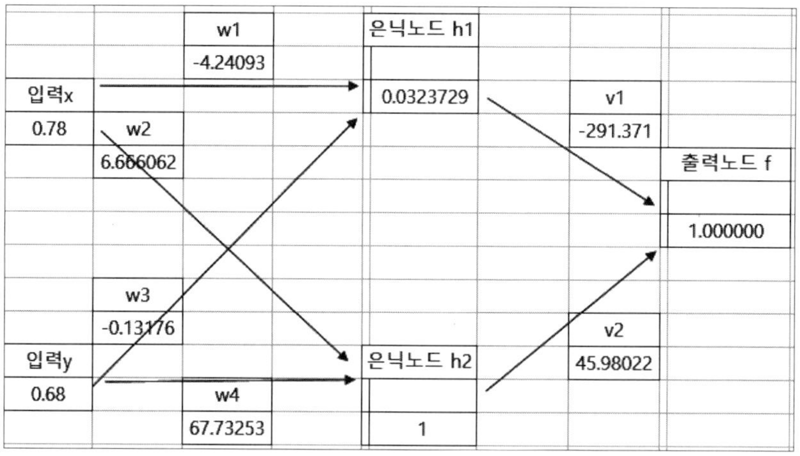

신경망을 분류모델에 사용하기 위해서는 "nnet" 패키지가 필요하다. nnet( ) 함수를 이용하여 신경망 분류모델을 만들 수 있다.

```
install.packages("nnet")
library(nnet)
set.seed(1)
da <-data.frame(f=rep('A',10),x=runif(10,0,0.5),y=runif(10,0,0.5))
db <-data.frame(f=rep('B',10),x=runif(10,0.5,1.0),y=runif(10,0.5,1.0))
d <-rbind(da,db)
plot(d$x,d$y,'n')
text(d$x,d$y,labels=d$f)
nm <-nnet(f ~ x+y,data=d,size=2)
```

➡ 아래 그래프처럼 샘플데이터를 생성하고 분류모델을 생성한다. nnet( ) 함수에서 size는 은닉층의 노드수를 설정하는 것이다.

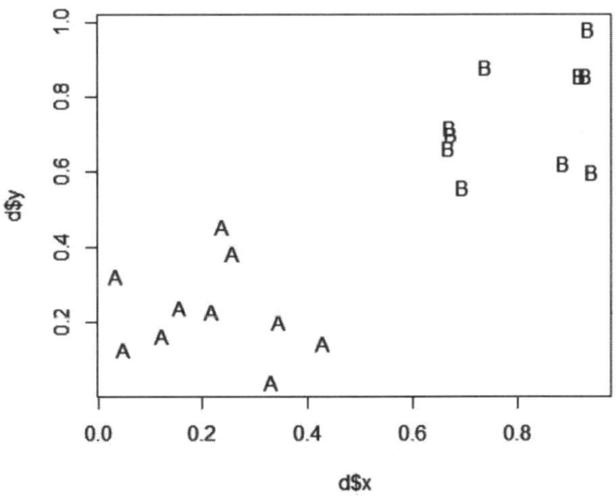

predict( ) 함수를 이용하여 새로운 데이터에 대한 분류를 수행할 수 있다.

```
test <-data.frame(x=0.3,y=0.4)
predict(nm,newdata=test,type='class')
```

➡ 위 코드를 실행하면 분류 결과는 A이다.

5 사례분석 1 (금융기관 고객 Default 예측모델)

고객정보를 이용하여 채무불이행 가능성을 예측하고 대출승인 혹은 고객관리에 활용할 수 있다. 아래 사이트에서 대출에 관한 독일 은행의 자료를 다운로드할 수 있는데, 파일에는 고객정보 및 채무불이행(Default) 정보가 포함되어 있다. 데이터 파일은 germancredit.csv를 사용한다.

https://archive.ics.uci.edu/ml/datasets/statlog+(german+credit+data)

Default	checkings	duration	history	purpose	amount	savings	employ	installmer	status	others	residence	property	age	otherplan	housing	cards	job	liable	tele	foreign
0	A11	6	A34	A43	1169	A65	A75	4	A93	A101	4	A121	67	A143	A152	2	A173	1	A192	A201
1	A12	48	A32	A43	5951	A61	A73	2	A92	A101	2	A121	22	A143	A152	1	A173	1	A191	A201
0	A14	12	A34	A46	2096	A61	A74	2	A93	A101	3	A121	49	A143	A152	1	A172	2	A191	A201
0	A11	42	A32	A42	7882	A61	A74	2	A93	A103	4	A122	45	A143	A153	1	A173	2	A191	A201
1	A11	24	A33	A40	4870	A61	A73	3	A93	A101	4	A124	53	A143	A153	2	A173	2	A191	A201
0	A14	36	A32	A46	9055	A65	A73	2	A93	A101	4	A124	35	A143	A153	1	A172	2	A192	A201
0	A14	24	A32	A42	2835	A63	A75	3	A93	A101	4	A122	53	A143	A152	1	A173	1	A191	A201
0	A12	36	A32	A41	6948	A61	A73	2	A93	A101	2	A123	35	A143	A151	1	A174	1	A192	A201
0	A14	12	A32	A43	3059	A64	A74	2	A91	A101	4	A121	61	A143	A152	1	A172	1	A191	A201
1	A12	30	A34	A40	5234	A61	A71	4	A94	A101	2	A123	28	A143	A152	2	A174	1	A191	A201
1	A12	12	A32	A40	1295	A61	A72	3	A92	A101	1	A123	25	A143	A151	1	A173	1	A191	A201
1	A11	48	A32	A49	4308	A61	A72	3	A92	A101	4	A122	24	A143	A151	1	A173	1	A191	A201
0	A12	12	A32	A43	1567	A61	A73	1	A92	A101	1	A123	22	A143	A152	1	A173	1	A192	A201
1	A11	24	A34	A40	1199	A61	A75	4	A93	A101	4	A123	60	A143	A152	2	A172	1	A191	A201

앞에서 배운 로지스틱 회귀모델을 이용하여 고객정보로부터 채무불이행(1) 혹은 아님(0)을 분류하는 모델을 만들 수 있는데, 모델에서 나온 채무불이행 확률값(p)으로 개인의 신용도를 평가하여 대출심사에 사용할 수 있다. 예를 들어 p가 0.2보다 작은 경우에만 대출을 해주는 응용이 가능하다.

각 변수의 의미와 값은 다음과 같다.

Default	채무불이행 여부(0 or 1)
checkings	은행계좌상태 A11 : ... < 0 DM A12 : 0 <= ... < 200 DM A13 : ... >= 200 DM / salary assignments for at least 1 year A14 : no checking account
duration	대출기간(월)

history	과거신용자료 A30 : no credits taken/ all credits paid back duly A31 : all credits at this bank paid back duly A32 : existing credits paid back duly till now A33 : delay in paying off in the past A34 : critical account/ other credits existing (not at this bank)
purpose	대출사유 A40 : car (new) A41 : car (used) A42 : furniture/equipment A43 : radio/television A44 : domestic appliances A45 : repairs A46 : education A47 : (vacation - does not exist?) A48 : retraining A49 : business A410 : others
amount	대출금액
savings	저축상태 A61 : ... 〈 100 DM A62 : 100 〈= ... 〈 500 DM A63 : 500 〈= ... 〈 1000 DM A64 : .. 〉= 1000 DM A65 : unknown/ no savings account
employ	고용상태 A71 : unemployed A72 : ... 〈 1 year A73 : 1 〈= ... 〈 4 years A74 : 4 〈= ... 〈 7 years A75 : .. 〉= 7 years
installment	가처분소득에 대한 월상환금 비율 (%)
status	개인상태 A91 : male : divorced/separated A92 : female : divorced/separated/married A93 : male : single A94 : male : married/widowed A95 : female : single
others	타대출 여부 A101 : none A102 : co-applicant A103 : guarantor
residence	현재 주거기간(년)

property	자산 A121 : real estate A122 : if not A121 : building society savings agreement/ life insurance A123 : if not A121/A122 : car or other, not in attribute 6 A124 : unknown / no property
age	나이
otherplan	다른 대출상환방법 A141 : bank A142 : stores A143 : none
housing	주거 A151 : rent A152 : own A153 : for free
cards	해당 은행에 존재하는 신용거래 수
Job	직업 A171 : unemployed/ unskilled - non-resident A172 : unskilled - resident A173 : skilled employee / official A174 : management/ self-employed/highly qualified employee/ officer
liable	부양가족 수
tele	전화번호 A191 : none A192 : yes, registered under the customer name
foreign	외국인 여부 A201 : yes A202 : no

아래 코드를 적용하여 Default 여부를 예측하는 로지스틱 회귀모델을 만들어본다.

```
①credit <- read.csv('germancredit.csv',header=TRUE)
library(sampling)
set.seed(1)
②x <- strata('Default',size=c(300,150),method='srswor',data=credit)
```

➡ ① 데이터를 파일로부터 읽어온다.
② Default 변수에서 값이 0과 1인 데이터를 각각 300개, 150개 랜덤하게 추출한다.

```
trainset <-credit[x$ID_unit,]
testset <-credit[-x$ID_unit,]
```

➡ 추출된 인덱스를 이용하여 학습 데이터(450개)와 성능테스트 데이터(550개)를 준비한다.

```
creditmodel <-glm(Default~.,data=trainset,family='binomial')
```

➡ 이항로지스틱 회귀분석 모델을 이용하여 Default 여부를 분류하는 모델을 만든다.

```
prob <-predict(creditmodel,newdata=testset,type='response')
```

➡ 테스트데이터 분류를 실행한다. prob는 Default가 1이 될 확률값이다.

```
pre <-ifelse(prob > 0.5,1,0)
tb <-table(testset$Default,pre)
```

➡ 실제값과 예측값을 교차분석하는 테이블을 생성한다(행은 실제값, 열은 예측값을 의미함).

```
> tb
   pre
      0   1
  0 329  71
  1  77  73
```

분류모델의 평가지표는 아래 표와 같다.

정확도 (accuracy)	73.1%	전체 예측에서 옳은 예측의 비율
정밀도 (precision)	50.7%	Default로 예측된 고객 중 실제로 Default인 경우의 비율
재현율 (recall)	48.7%	실제로 Default인 고객들 중 예측이 Default로 된 경우의 비율

6 사례분석 2 (수중음파신호 분류)

데이터마이닝에서 사용할 수 있는 데이터세트를 제공하는 mlbench 패키지의 Sonar 데이터를 이용하여 로지스틱 회귀모델 분류모델을 만들어보자. Sonar 데이터는 60개의 수중음파신호 측정치와 암석(R) 혹은 철광석(M)을 분류하는 변수를 포함하고 있다. 총 데이터는 208개인데 이 중 암석은 97개, 철광석은 111개다.

```
library(mlbench)
data(Sonar)
sum(Sonar$Class=='R')
sum(Sonar$Class=='M')
```

➡ Sonar 데이터를 로딩하고 R과 M에 대한 데이터 개수를 확인한다.

```
library(sampling)
set.seed(1)
x <- strata('Class',size=c(40,40),method='srswor',data=Sonar)
trainset <- Sonar[x$ID_unit,]
testset <- Sonar[-x$ID_unit,]
```

➡ 모델 학습을 위해 R과 M의 경우 각각 40개씩 랜덤하게 추출한다.

```
sonarmodel <- glm(Class~.,data=trainset,family='binomial')
prob <- predict(sonarmodel,newdata=testset,type='response')
pre <- ifelse(prob > 0.5,'R','M')
correct <- (pre==testset$Class)
sum(correct)/NROW(correct)
```

➡ 분류모델을 만들고 테스트 데이터를 이용하여 분류해본 후 전체 정확도를 측정한다.

```
tb <- table(testset$Class,pre)
```

➡ 실제값과 예측값을 교차분석하는 테이블을 생성한다(행은 실제값, 열은 예측값을 의미함).

```
> tb
   pre
     M  R
  M 52 19
  R 19 38
```

중요한 분류는 M(철광석)이므로 아래와 같은 분류모델의 평가지표를 생성할 수 있다.

정확도 (accuracy)	70.3%	전체 예측에서 옳은 예측의 비율
정밀도 (precision)	73.2%	M으로 예측된 신호 중 실제로 M인 경우의 비율
재현율 (recall)	73.2%	실제로 M인 신호 중 예측이 M으로 된 경우의 비율

이번에는 신경망 모델을 사용하여 분류모델을 만들어보자.

```
library(mlbench)
data(Sonar)
sum(Sonar$Class=='R')
sum(Sonar$Class=='M')
```

➡ Sonar 데이를 로딩하고 R과 M에 대한 데이터 개수를 확인한다.

```
library(sampling)
set.seed(1)
x <- strata('Class',size=c(40,40),method='srswor',data=Sonar)
trainset <- Sonar[x$ID_unit,]
testset <- Sonar[-x$ID_unit,]
```

➡ 모델 학습을 위해 R과 M의 경우 각각 40개씩 랜덤하게 추출한다.

```
sonarnm <-nnet(Class~.,data=trainset,size=16)
pre <-predict(sonarnm,newdata=testset,type='class')
correct <- (pre==testset$Class)
sum(correct)/NROW(correct)
```

➡ 신경망으로 분류모델을 만들고 테스트 데이터를 이용하여 분류해본 후 전체 정확도를 측정한다.

```
tb <-table(testset$Class,pre)
```

➡ 실제값과 예측값을 교차분석하는 테이블을 생성한다(행은 실제값, 열은 예측값을 의미함).

```
> tb
   pre
     M  R
  M 49 22
  R 13 44
```

마찬가지로 중요한 분류는 M(철광석)이므로 아래와 같은 분류모델의 평가지표를 생성할 수 있다.

정확도 (accuracy)	72.7%	전체 예측에서 옳은 예측의 비율
정밀도 (precision)	79.0%	M으로 예측된 신호 중 실제로 M인 경우의 비율
재현율 (recall)	69.0%	실제로 M인 신호 중 예측이 M으로 된 경우의 비율

7 사례분석 3 (마케팅 성공 예측)

기업에서 마케팅을 실행할 때는 성공확률이 높은 고객을 대상으로 해야 효율적이다. 그렇다면 마케팅 성공확률은 어떻게 알 수 있을까? 과거 마케팅의 고객별 실적자료를 이용하여 분류모델을 만들면 마케팅 성공률을 구할 수 있다. 다음 사이트에서 포루투갈 은행의 마케팅 실적자료를 다운로드받아 분석을 수행해보자. 데이터는 고객정보와 마케팅 성공여부(은행상품신청 여부)를 포함한다.
https://archive.ics.uci.edu/ml/datasets/Bank+Marketing

고객 데이터는 아래와 같은 고객 속성값들을 포함하고 있다.

열	변수	설명
1	age	age
2	job	type of job(categorical:"admin.","unknown","unemployed" ,"management“,"housemaid","entrepreneur","student","blue-collar" ,"self-employed","retired","technician","services")
3	marital	marital status (categorical: "married","divorced","single") note: "divorced" means divorced or widowed
4	education	(categorical: "unknown","secondary","primary","tertiary")
5	default	has credit in default? (binary: "yes","no")
6	balance	average yearly balance, in euros (numeric)
7	housing	has housing loan? (binary: "yes","no")
8	loan	has personal loan? (binary: "yes","no")

또한 다음과 같이 현재 진행 중인 캠페인 관련 데이터도 포함하고 있다.

9	contact	contact communication type (categorical: "unknown","telephone","cellular")
10	day	last contact day of the month (numeric)
11	month	last contact month of year (categorical: "jan", "feb", "mar", ..., "nov", "dec")
12	duration	last contact duration, in seconds (numeric)

과거 마케팅 관련 자료도 포함하고 있는데 마케팅을 통한 은행상품가입 여부(y)가 마케팅 성공 여부로 사용된다.

13	campaign	number of contacts performed during this campaign and for this client (numeric, includes last contact)
14	pdays	number of days that passed by after the client was last contacted from a previous campaign (numeric, -1 means client was not previously contacted)
15	previous	number of contacts performed before this campaign and for this client (numeric)
16	poutcome	outcome of the previous marketing campaign (categorical: "unknown","other" ,"failure","success")
17	y	has the client subscribed a term deposit? (binary: "yes","no")

마케팅을 시도했을 때 은행상품신청 여부를 예측하는 의사결정나무 모델을 만들어보자.

```
bank <-read.csv('bank.csv',head=T,sep=',')
library(ggplot2)
qplot(bank$job)
qplot(bank$marital)
qplot(bank$education)
qplot(bank$default)
qplot(bank$housing)
qplot(bank$loan)
```

➡ 데이터를 읽어오고, 각 변수에 대한 빈도수를 살펴본다.

```
library(sampling)
set.seed(1)
ind <- sample(1:2, nrow(bank), replace = TRUE, prob = c(0.7, 0.3))
trainset <- bank[ind == 1, ]
testset <- bank[ind == 2, ]
```

➡ 학습용(70%), 테스트용(30%)을 샘플링한다.

```
library(rpart)
m <- rpart(y ~ .,data=trainset)
library(rpart.plot)
prp(m,type=4,digits=3)
```

➡ rpart 패키지로 의사결정나무 모델을 생성하고 그래프를 그려본다.

```
pre <- predict(m,newdata=testset,type="class")
tb <- table(testset$y,pre)
```

➡ 실제값과 예측값을 교차분석하는 테이블을 생성한다(행은 실제값, 열은 예측값을 의미함).

```
> tb
     pre
        no  yes
  no  1161   40
  yes   99   69
```

rpart 패키지를 이용한 분류모델의 평가지표는 아래와 같이 계산된다.

정확도 (accuracy)	89.8%	전체 예측에서 옳은 예측의 비율
정밀도 (precision)	63.3%	yes로 예측된 신호 중 실제로 yes인 경우의 비율
재현율 (recall)	41.1%	실제로 yes인 고객 중 예측이 yes로 된 경우의 비율

조건부추론나무 모델을 사용하기 위하여 party 패키지 모델을 이용해 모델을 생성하고 성능을 비교해보자.

```
library(party)
cm <- ctree(y ~ .,data=trainset)
print(cm)
```

➡ ctree 의사결정나무 모델을 생성하고 그래프를 그려본다. 로직을 출력해본다.

```
pre <- predict(cm,newdata=testset,type="response")
tb <- table(testset$y,pre)
```

➡ 실제값과 예측값을 교차분석하는 테이블을 생성한다(행은 실제값, 열은 예측값을 의미함).

```
> tb
     pre
        no  yes
  no  1165   36
  yes  109   59
```

party 패키지를 이용한 분류모델의 평가지표는 아래와 같이 계산된다.

정확도 (accuracy)	89.4%	전체 예측에서 옳은 예측의 비율
정밀도 (precision)	62.1%	yes로 예측된 신호 중 실제로 yes인 경우의 비율
재현율 (recall)	35.1%	실제로 yes인 고객 중 예측이 yes로 된 경우의 비율

아래 코드를 이용하여 ctree 모델 내부에서 어떤 로직이 생성되었는지 살펴보자.

```
plot(cm)
```

➡ 모델을 그래프로 표현해준다. 폭이 크므로 jpeg 이미지로 임포트(import)할 때 width를 2048로 출력한다.

출력된 이미지의 오른쪽 파트에서 주요한 노드만 표현하면 다음과 같다.

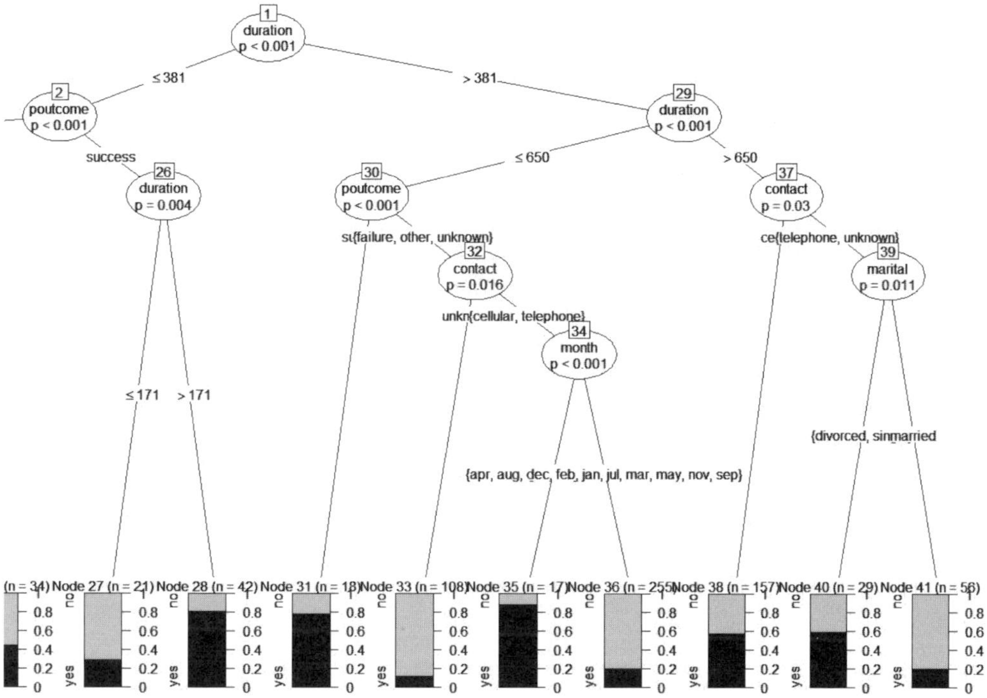

위 그림에서 추출한 분석 로직은 대략 아래와 같다.

① duration이 381보다 같거나 작으면서 poutcome(이전 마케팅)이 success(성공)이고, duration이 171보다 큰 경우에 마케팅 성공확률이 높다.

② duration이 381보다 크고 duration이 650보다 같거나 작으면서 poutcome(이전 마케팅)이 success(성공)인 사람들의 마케팅 성공확률이 높다.

③ duration이 381보다 크고 duration이 650보다 같거나 작으면서 poutcome(이전 마케팅)이 [failure, other, unknown]이면서 contact가 [celllular, telephone]이고, month(마지막 접속 월)가 [apr, aug, dec, feb, jan, jul, mar, may, nov, sep]인 경우에 마케팅 성공확률이 높다.

7장

군집분석

1 K-Means 군집분석

군집분석은 주어진 N차원의 벡터를 이용하여 특정 개수의 그룹으로 나누는 분석을 한다. 각 데이터는 최적의 그룹으로 할당되도록 수학적 알고리즘을 이용하여 분할된다.

```
da <- data.frame(x=runif(20,0,5),y=runif(20,0,5))
db <- data.frame(x=runif(20,7,12),y=runif(20,0,5))
dc <- data.frame(x=runif(20,0,5),y=runif(20,7,12))
dd <- data.frame(x=runif(20,6,12),y=runif(20,7,12))
d <- rbind(da,db,dc,dd)
plot(d)
```

➡ 위 코드에서 d는 4개의 그룹으로 구성된 총 80개의 2차원 벡터다. plot( ) 함수를 통해 아래와 같은 그래프를 볼 수 있다.

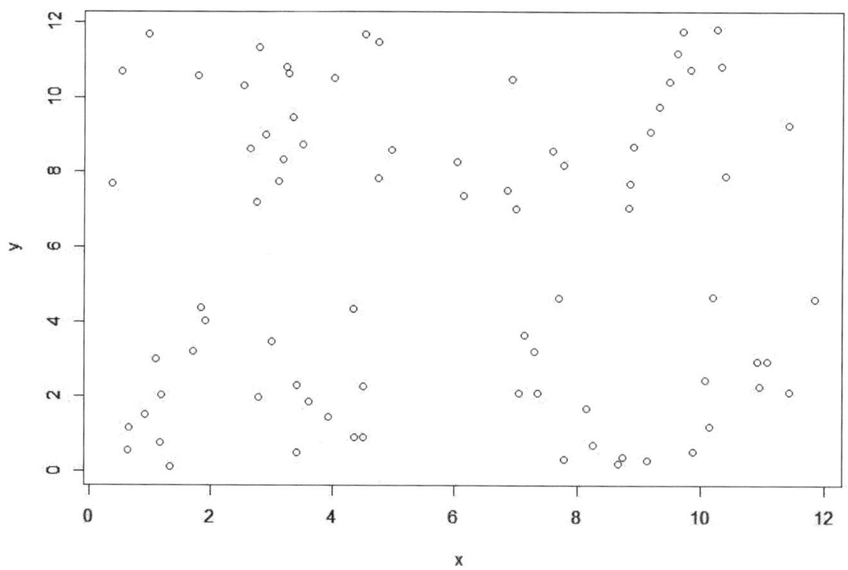

K–means 군집분석 절차는 다음과 같다.

① n개의 중심벡터를 랜덤하게 정한다.

② 모든 데이터와 n개의 중심벡터와의 유클리디안거리(Euclidean distance)를 계산한다. 데이터(x_1, y_1)와 중심벡터(x, y)의 유클리디안거리는 다음 식으로 구한다.

$$거리 = \sqrt{(x_1 - x)^2 + (y_1 - y)^2}$$

③ n개의 중심벡터와의 거리를 이용하여 각 데이터의 군집번호를 지정한다.

④ 각 군집별로 소속된 데이터를 평균하여 중심벡터를 계산한다. 중심벡터는 각 차원 데이터의 평균값을 구하면 된다.

⑤ 새로운 중심벡터를 이용하여 ②~④번 작업을 반복한다. 각 반복에서 데이터의 군집번호가 변경되지 않는 경우, 반복을 정지하고 최종 군집분석을 완료한다.

```
①km <- kmeans(d, centers=4)
②points(km$centers,cex=2,pch="O")
```

➡ ① kmeans(d,centers=4)는 위 데이터를 4개의 그룹으로 나누도록 분석하는 함수이며, 결과는 km 변수에 저장된다. km 안에는 각 데이터의 그룹번호, 각 그룹의 중심벡터가 저장되어 있다.
② points(km$centers,cex=2,pch="O") 함수로 아래 그래프에 그룹의 중심벡터를 그린다.

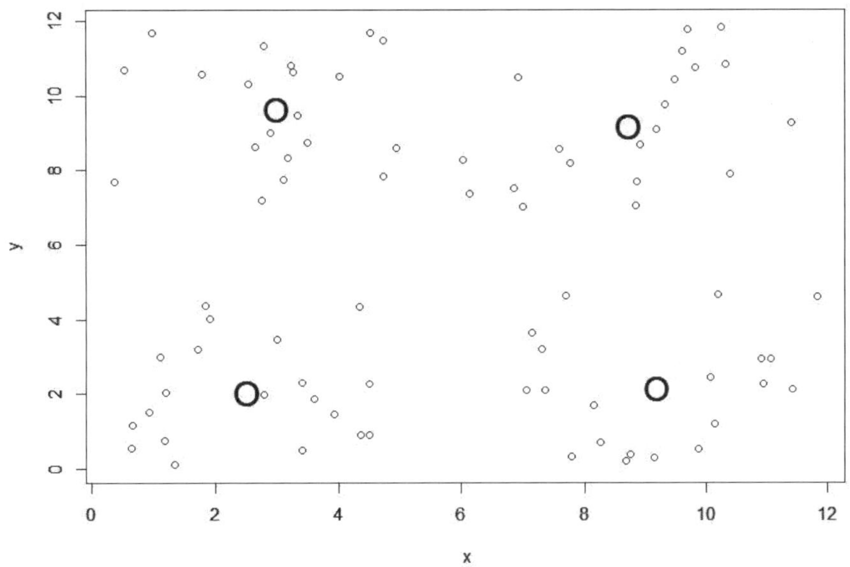

군집 결과를 보기 위해 아래와 같은 코드를 사용할 수 있다.

```
plot(d,type="n")
text(d,labels=km$cluster)
```

➡ plot( ) 함수에서 type="n"을 사용하여 아무것도 표시되지 않도록 했고, text( ) 함수에서는 각 점 위에 군집분석 결과를 라벨로 표시하도록 하였다.

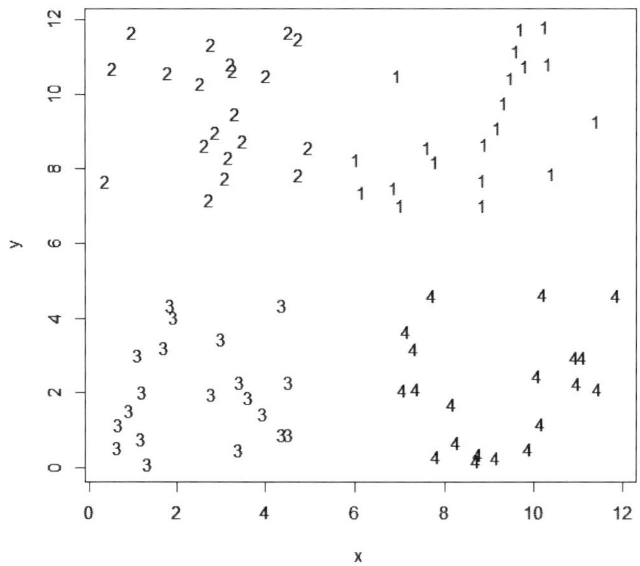

2 군집분석 사례 (유럽국가 식품소비 분석)

protein.csv 파일은 유럽 25개 국가들의 9개 식품(단백질 관련)의 섭취량에 대한 자료이다. 유럽 국가들의 식습관 특성을 분류하여 상품판매 전략을 수립할 수 있다.

	Country	RedMeat	WhiteMeat	Eggs	Milk	Fish	Cereals	Starch	Nuts	Fr.Veg
1	Albania	10.1	1.4	0.5	8.9	0.2	42.3	0.6	5.5	1.7
2	Austria	8.9	14.0	4.3	19.9	2.1	28.0	3.6	1.3	4.3
3	Belgium	13.5	9.3	4.1	17.5	4.5	26.6	5.7	2.1	4.0
4	Bulgaria	7.8	6.0	1.6	8.3	1.2	56.7	1.1	3.7	4.2
5	Czechoslovakia	9.7	11.4	2.8	12.5	2.0	34.3	5.0	1.1	4.0
6	Denmark	10.6	10.8	3.7	25.0	9.9	21.9	4.8	0.7	2.4
7	E Germany	8.4	11.6	3.7	11.1	5.4	24.6	6.5	0.8	3.6
8	Finland	9.5	4.9	2.7	33.7	5.8	26.3	5.1	1.0	1.4
9	France	18.0	9.9	3.3	19.5	5.7	28.1	4.8	2.4	6.5

```
food <- read.csv('protein.csv')
set.seed(1)
groups <- kmeans(food[,c('RedMeat','WhiteMeat')],centers=4)
```

➡ 데이터를 읽어오고 RedMeat와 WhiteMeat 변수를 이용하여 4개의 그룹으로 나눈다. 다음 그래프를 통해 Red Meat, White Meat를 통한 단백질 섭취 측면에서 그룹이 나누어지는 것을 볼 수 있다.

```
plot(food$RedMeat,food$WhiteMeat,type='n',xlim=c(3,19)
     ,xlab='Red Meat',ylab='White Meat')
text(x=food$RedMeat,y=food$WhiteMeat,labels=food$Country,
col=groups$cluster+1)
```

➡ 2차원 그래프상에 4개의 그룹을 표현하기 위해 plot( ) 함수를 사용한다. x축에 RedMeat 소비량을 사용하고 y축에는 WhiteMeat 소비량을 사용하였다. 각 점에 나라이름을 출력하였고, col 옵션은 색깔번호인데 그룹번호+1을 사용하였다.

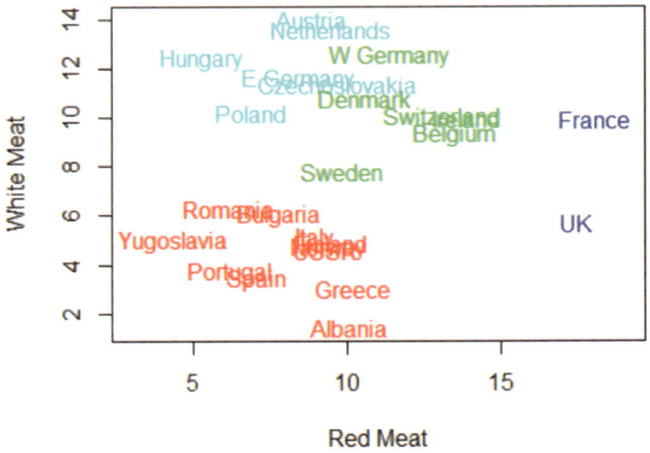


```
groups <- kmeans(food[,-1],centers=4)
x <- cbind(food,groups$cluster)
names(x)[11] <- 'cluster'
```

➡ 모든 데이터를 이용하여 4개 그룹으로 나누고, 원래 데이터에 그룹변수를 삽입하여 x라는 데이터를 생성한다.

```
y <- c()
for(i in 2:10)
{
 y <- cbind(y,tapply(x[,i],x$cluster,mean))
}
rownames(y) <- c('cluster1','cluster2','cluster3','cluster4')
colnames(y) <- names(x[,2:10])
```

➡ 각 그룹별로 변수별 평균값을 생성하여 아래와 같은 y 데이터를 생성한다.

	RedMeat	WhiteMeat	Eggs	Milk	Fish	Cereals	Starch	Nuts	Fr.Veg
cluster1	8.642857	6.871429	2.385714	14.042857	2.5428571	39.27143	3.742857	4.214286	4.657143
cluster2	12.091667	9.441667	3.708333	23.000000	4.9916667	24.02500	4.616667	1.766667	3.491667
cluster3	7.233333	6.233333	2.633333	8.200000	8.8666667	26.93333	6.033333	3.800000	6.233333
cluster4	6.133333	5.766667	1.433333	9.633333	0.9333333	54.06667	2.400000	4.900000	3.400000

```
install.packages('fmsb')
library(fmsb)
y <- as.data.frame(y)
radarchart(y,maxmin=F,pcol=c(1,2,3,4))
legend(x=0.9,y=1.2,legend=rownames(y),pch=20,col=c(1,2,3,4))
```

➡ 방사형 차트 기능을 지닌 fmsb 패키지를 설치하고, 아래 그림과 같은 방사형 차트를 그린다. radarchart( ) 명령어의 maxmin 옵션이 FALSE인 경우는 최댓값, 최솟값을 그대로 표시하지 않고 적절히 조정해서 표시한다.

```
cc <- tapply(x[,1],x$cluster,paste)
cc <- as.data.frame(cc)
```

➡ 각 그룹에 속한 국가 이름을 모은 cc 데이터를 생성한다.

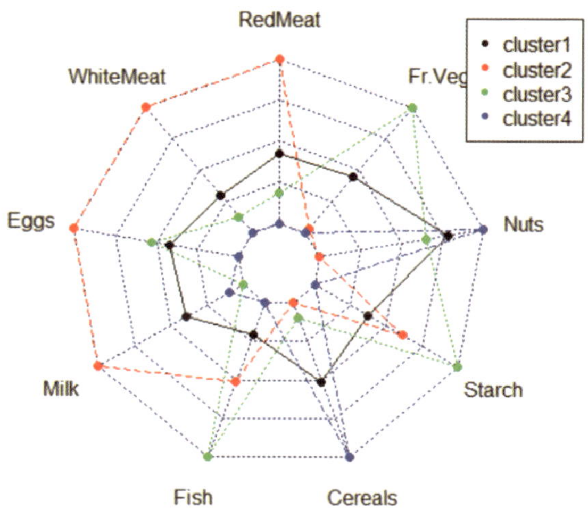


```
1                                   Albania, Czechoslovakia, Greece, Hungary, Italy, Poland, USSR
2 Austria, Belgium, Denmark, Finland, France, Ireland, Netherlands, Norway, Sweden, Switzerland, UK, W Germany
3                                                                          E Germany, Portugal, Spain
4                                                                     Bulgaria, Romania, Yugoslavia
```

cluster1에 속한 국가들은 상대적으로 단백질 섭취가 특정 음식에 편중되어 있지 않고, Nuts(견과류)와 Cereals(곡물)에서 단백질을 약간 많이 섭취한다. cluster2에 속한 국가들은 상대적으로 RedMeat, WhiteMeat, Eggs, Milk에서 단백질을 많이 섭취한다. cluster3에 속한 국가들은 상대적으로 Fish, Starch(전분), Fr.Veg(과일야채)에서 단백질을 많이 섭취한다. cluster4에 속한 국가들은 Cereals, Nuts에 편중되어 보인다.

8장

연관분석

1 연관분석 개요
2 연관분석을 위한 데이터 생성하기
3 연관분석 실행하기
4 연관분석 사례 (lastfm 음악서비스 분석)

1 연관분석 개요

연관분석(association rules)은 상품 혹은 서비스의 거래 데이터로부터 상품 간 연관성 정도를 측정하여 연관성이 큰 상품들을 파악하는 기법이다. 즉 "상품 A가 구매된 경우 상품 C도 구매된다"와 같은 특징을 찾는 것이다. 상품이 거래된 빈도를 바탕으로 아래와 같은 연관성과 관련된 지지도(support), 신뢰도(confidence), 향상도(lift)를 판단기준으로 사용한다.

A → C의 연관성

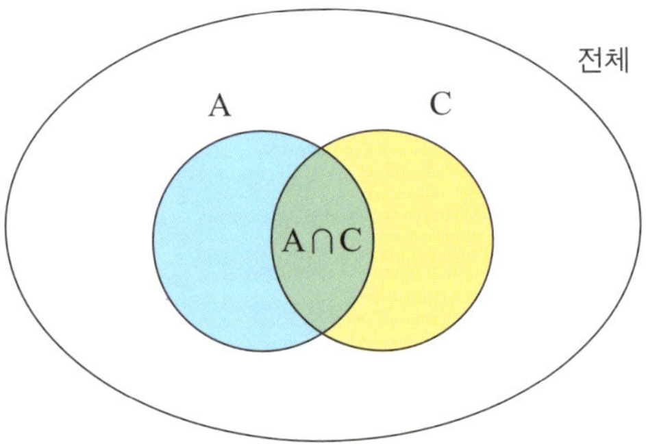

$$\text{지지도(support)} = \frac{\text{A}\cap\text{C 거래수}}{\text{전체 거래수}}$$

$$\text{신뢰도(confidence)} = \frac{\dfrac{\text{A}\cap\text{C 거래수}}{\text{전체 거래수}}}{\dfrac{\text{A 거래수}}{\text{전체 거래수}}}$$

(분자 → 지지도(support))

$$\text{향상도(lift)} = \frac{\dfrac{\text{A}\cap\text{C 거래수}}{\text{A 거래수}}}{\dfrac{\text{C 거래수}}{\text{전체 거래수}}}$$

(분자 → 신뢰도(confidence))

판단기준의 의미는 다음과 같다.

지지도	전체 거래 중에서 A와 C를 포함한 거래의 비율을 의미한다. 연관분석에서는 최소지지도를 사용하여 기본적인 동시구매율이 일정 수준 이상인 항목만 추출한다.
신뢰도	A를 구매한 경우 중에서 A와 C를 동시구매하는 비율을 의미한다. 연관분석에서는 최소신뢰도를 사용하여 A가 구매된 경우 C가 추가로 구매될 조건부 확률값이 어느 수준 이상인 항목만 추출한다.
향상도	임의로 C를 구매하는 전체 중에서 A를 구매하고 A와 C를 동시구매하는 비율을 의미한다. 값이 1보다 크면 연관성이 있다고 판단할 수 있다.

연관분석을 사용하기 위해서는 “arules” 패키지가 필요하다.

```
install.packages("arules")
library(arules)
```

➡ “arules” 패키지를 설치하고 메모리에 로딩한다.

2 연관분석을 위한 데이터 생성하기

연관분석을 수행하려면 패키지에서 사용하는 transactions이라는 클래스를 이용해 객체를 만들어야 한다. 리스트(list) 혹은 데이터프레임(data.frame)을 transactions으로 변환하는 도구를 제공한다.

```
x <- list(c("A","B","C"), c("B","D"), c("A","B","E"), c("A","B","D"),
          c("A","E"), c("B","E"), c("A","E"), c("A","B","C","E"),
          c("A","B","E") )
names(x) <- paste('order',c(1:9),sep="")
trans <- as(x,"transactions")
```

➡ 9개의 거래내역을 일단 리스트로 만들고 trans라는 객체를 만든다.
transactions 객체는 아래와 같은 형식으로 데이터를 변환한다.

오더 \ 상품	A	B	C	D	E
1	1	1	1	0	0
2	0	1	0	1	0
3	1	1	0	0	1
4	1	1	0	1	0
5	1	0	0	0	1
6	0	1	0	0	1
7	1	0	0	0	1
8	1	1	1	0	1
9	1	1	0	0	1

```
y <- as(trans,"matrix")
image(y,xlab="orders",ylab="items")
```

➡ trans를 2차원 매트릭스로 변환하여 2차원 그래프를 그려보면 아래와 같은 그림을 얻을 수 있다.

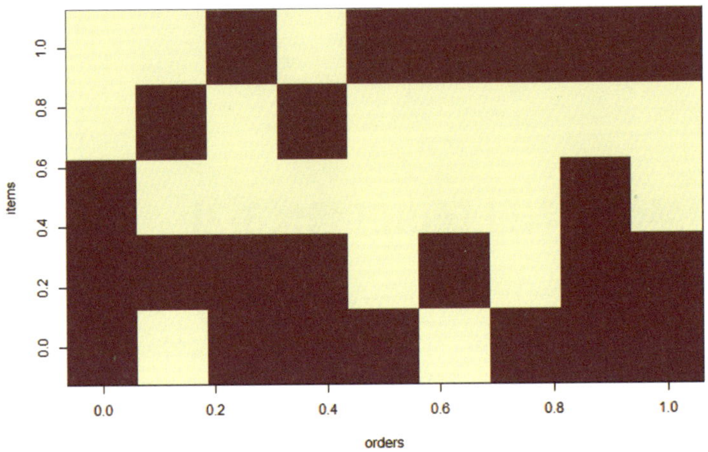

3 연관분석 실행하기

```
①rules <- apriori(trans,
 parameter = list(support = 0.3, confidence = 0.7, minlen = 2, maxlen=3))
②summary(rules)
```

➡ ① 연관분석을 할 때 최소지지도(support)를 0.3으로 설정하고 최소신뢰도(confidence)를 0.7로 설정하였다. minlen은 item 길이가 최소 2라는 의미이며, maxlen=3은 item 길이가 최대 3이라는 의미다.

② summary( ) 함수는 아래와 같은 연관규칙 분석 결과를 보여준다.

```
set of 5 rules

rule length distribution (lhs + rhs):sizes
2 3
4 1
```

총 5개의 규칙이 생성되었고, 길이 2인 규칙은 4개, 길이 3인 규칙은 1개가 존재한다.

```
inspect(rules)
```

➡ inspect( ) 함수는 아래와 같이 최종 추출된 연관규칙을 보여준다.

```
    lhs      rhs  support   confidence lift      count
[1] {E}   => {A} 0.5555556 0.8333333 1.0714286 5
[2] {A}   => {E} 0.5555556 0.7142857 1.0714286 5
[3] {B}   => {A} 0.5555556 0.7142857 0.9183673 5
[4] {A}   => {B} 0.5555556 0.7142857 0.9183673 5
[5] {B,E} => {A} 0.3333333 0.7500000 0.9642857 3
```

분석 결과에서는 5가지 연관규칙을 보여준다.

[1] "E를 구매한 경우 A도 구매한다"
[2] "A를 구매한 경우 E도 구매한다"
[3] "B를 구매한 경우 A도 구매한다"
[4] "A를 구매한 경우 B도 구매한다"
[5] "B,E를 구매한 경우 A도 구매한다"

4 연관분석 사례 (lastfm 음악서비스 분석)

고객에게 상품을 추천할 때 사용하는 연관분석 모델을 사용할 수 있다. 음악, 영화도 마찬가지다. 아래 사이트에서 음악서비스 실적자료를 다운로드해 연관분석을 해보자.
https://www.biz.uiowa.edu/faculty/jledolter/DataMining/datatext.html

파일 이름은 lastfm.csv이고 다음과 같이 4차원 데이터를 가지고 있다.

user	artist	sex	country
1	red hot chili peppers	f	Germany
1	the black dahlia murder	f	Germany
1	goldfrapp	f	Germany
1	dropkick murphys	f	Germany
1	le tigre	f	Germany
1	schandmaul	f	Germany
1	edguy	f	Germany
1	jack johnson	f	Germany

열	변수	설명
1	user	고객번호
2	artist	뮤직앨범
3	sex	성별
4	country	국가명

```
d <- read.csv('lastfm.csv')
```

➡ 데이터를 읽어온다.

```
library('dplyr')
d <- distinct(d)
```

➡ 데이터에 중복을 삭제해준다.

```
d <- split(d$artist,d$user)
```

➡ 고객번호로 뮤직앨범을 정리한다.

```
library(arules)
dtrans <- as(d,'transactions')
```

➡ 고객별 뮤직앨범 데이터를 transactions 객체로 변환한다.

```
itemFrequencyPlot(dtrans, support=0.10)
```

➡ 지지도(support)가 0.1 이상인 앨범의 빈도를 그래프로 표현한다.

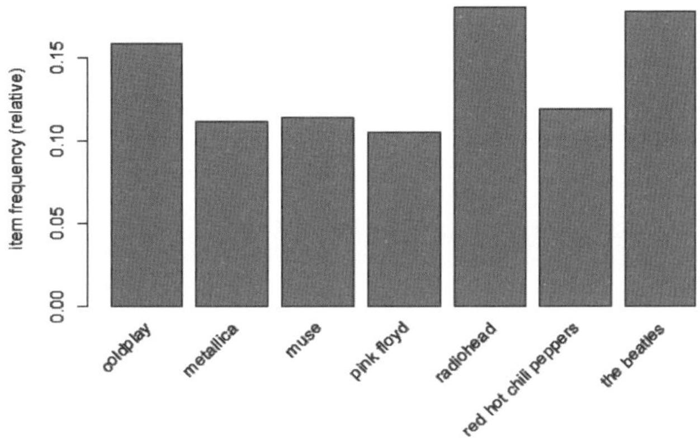


```
itemFrequencyPlot(dtrans, topN=10)
```

➡ 빈도수 상위 10개 앨범의 각 빈도수를 그래프로 표현한다.

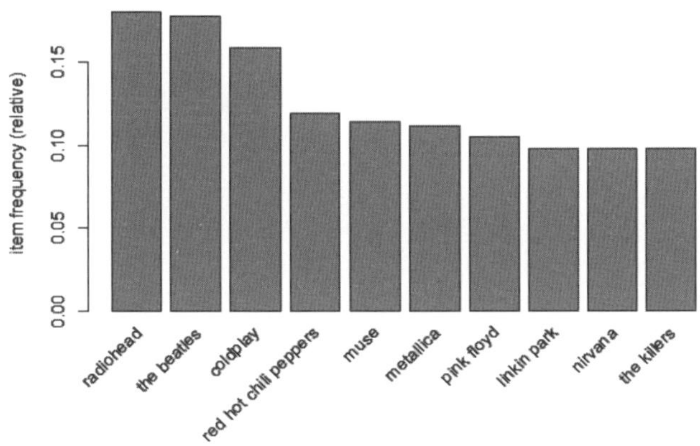


```
amodel
<- apriori(dtrans, parameter=list(support=0.01, confidence=0.5, minlen=2))
```

➡ 지지도가 0.01 이상이고 신뢰도가 0.5 이상인 연관규칙을 찾아 모델을 생성한다.

```
summary(amodel)
```

➡ set of 50 rules
rule length distribution (lhs + rhs):sizes
 2 3
15 35

총 50개의 규칙이 생성되었다. 길이 2인 규칙은 15개, 길이 3인 규칙은 35개가 존재한다.

```
inspect(amodel)
```

➡ 생성된 규칙을 확인한다.

```
     lhs                        rhs                support    confidence  lift      count
[1]  {t.i.}                  => {kanye west}   0.01040000 0.5672727  8.854413  156
[2]  {the pussycat dolls}    => {rihanna}      0.01040000 0.5777778 13.415893  156
[3]  {the fray}              => {coldplay}     0.01126667 0.5168196  3.260006  169
[4]  {sonata arctica}        => {nightwish}    0.01346667 0.5101010  8.236292  202
[5]  {judas priest}          => {iron maiden}  0.01353333 0.5075000  8.562992  203
[6]  {the kinks}             => {the beatles}  0.01360000 0.5298701  2.979030  204
[7]  {travis}                => {coldplay}     0.01373333 0.5628415  3.550304  206
[8]  {the flaming lips}      => {radiohead}    0.01306667 0.5297297  2.938589  196
[9]  {megadeth}              => {metallica}    0.01626667 0.5281385  4.743759  244
[10] {simon & garfunkel}     => {the beatles}  0.01540000 0.5238095  2.944956  231
[11] {broken social scene}   => {radiohead}    0.01506667 0.5472155  3.035589  226
[12] {blur}                  => {radiohead}    0.01753333 0.5228628  2.900496  263
[13] {keane}                 => {coldplay}     0.02226667 0.6374046  4.020634  334
[14] {snow patrol}           => {coldplay}     0.02646667 0.5251323  3.312441  397
[15] {beck}                  => {radiohead}    0.02926667 0.5092807  2.825152  439
[16] {snow patrol,
      the killers}           => {coldplay}     0.01040000 0.5954198  3.755802  156
```

lhs에 있는 앨범을 청취한 고객은 rhs에 있는 앨범을 청취할 확률이 높다. 예를 들어 신뢰도(confidence)가 0.63인 규칙 13을 보면, keane 앨범을 청취한 고객 중 약 63.74%가 coldplay 앨범을 청취할 가능성이 있다.

9장

텍스트마이닝

1 HTML 개요
2 웹크롤링을 이용한 기사 검색
3 한글 형태소 분석 (명사 추출)
4 워드클라우드
5 기사에 포함된 단어연관성 분석
6 감성정보분석 사례 1 (식당 고객리뷰 분석)
7 감성정보분석 사례 2 (네이버 영화 네티즌리뷰 분석)
8 단어연관성 그래프 분석 사례 (옥션 상품 분석)
9 네이버 API를 이용한 블로그 글 수집
10 Twitter API를 이용한 트위터 글 수집
11 Open API를 이용한 공공데이터 수집

1 HTML 개요

인터넷 브라우저를 통해 우리가 접하는 문서는 텍스트 외에 다양한 멀티미디어와 외부 사이트 문서를 연결해주는 링크(link)를 가지고 있다. 이러한 문서를 하이퍼텍스트(hypertext)라고 하는데, 이는 텍스트를 넘어선다는 뜻이다. 이러한 웹문서의 언어 체계를 HTML이라고 하며 HTML에는 컴퓨터가 이해할 수 있도록 표시된 다양한 태그(tag)가 담긴다. 태그는 아래와 같은 형식으로 <여는 태그> </닫는 태그>로 표시한다.

```
<태그이름> 표시되는 내용 </태그이름>
```

(1) p 태그

HTML에서 가장 많이 사용하는 태그는 <p> 태그로, 여는 태그는 <p>이고 닫는 태그는 </p>이다. 그리고 우리가 보는 내용은 <p>와 </p> 사이에 위치한다.

```
<p lang="kr"> 안녕하세요. 빅데이터 분석 프로그래밍 </p>
<p lang="kr"> 세계에 오신걸 환영합니다. </p>
```

태그 사이에는 속성과 속성값이 올 수 있는데, 위 예에서 lang은 속성이름이고 kr은 속성값이다.

(2) a 태그

HTML에서 가장 중요한 태그는 링크를 알려주는 <a> </a> 태그이다. 컴퓨터는 <a> 태그를 만나면 다른 텍스트로 건너뛸 준비를 한다. 그래서 <a> 태그에는 반드시 건너뛸 장소를 알려주어야 한다. 그것이 바로 href(hypertext reference) 속성이다.

다음 예와 같이 인터넷 주소를 따옴표 안에 적고 화면에 표시될 텍스트를 적는다. 브라우저에서 이 글자를 클릭하면 앞에 적은 인터넷 주소로 건너뛰게 된다.

```
<a href="http://www.naver.com"> 네이버사이트로 이동 !</a>
```

(3) h1, h2 태그

보통 제목을 표현할 때 사용하는 태그이며 굵은 글씨체로 표시된다.

```
<h1> 제목    </h1>
<h2> 소제목 </h2>
```

(4) image 태그

이미지를 표시할 때 사용하는 태그이며, 닫는 태그가 따로 없다. alt 속성은 이미지가 표시되지 않을 때 출력되는 텍스트를 지정한다.

```
<img src="그림.jpg" alt="그림파일"/>
```

(5) div 태그

division 클래스라고 하며 하나의 그룹을 정의하기 위하여 사용한다. 보통 웹사이트의 여러 섹션(section)은 이러한 div 태그로 분리되어 있다.

```
<div id="main frame">
  <div id="section1">
    <p> 섹션1 내용이 여기 위치 </p>
  </div>

  <div id="section2">
    <p> 섹션2 내용이 여기 위치 </p>
  </div>
</div>

<div id="bottom frame">
  <p> 아래쪽 프레임 내용이 여기 위치 </p>
</div>
```

앞의 예에서는 main frame과 bottom frame 그룹을 정의하고, main frame 내에 section1과 section2 프레임이 포함되어 있는 구조를 정의하고 있다.

(6) style 태그

css(cascading style sheets)를 사용하게 해주는 태그이며, css는 웹문서의 스타일을 지정하는 시트이다.

```
<style>
 div.box1 {font-size:40px}
 div.box1.color {color:red}
</style>
```

위의 예에서 box1은 글씨 크기가 40인 속성을 나타내고, box1 color는 글씨 색이 적색인 속성을 나타낸다.

(7) id와 class 속성

id와 class 속성은 태그에 이름을 지정할 때 사용한다. id는 중복해서 쓸 수 없는 고유한 이름을 사용해야 하며, class는 중복된 이름을 사용할 수 있다. id는 태그 식별자로 사용되며, class는 태그의 종류 및 표시 속성을 지정할 때 사용된다.

```
<div class="box1" id="main frame">
  <div id="section1">
    <p> 섹션1 내용이 여기 위치 </p>
  </div>

  <div id="section2">
    <p> 섹션2 내용이 여기 위치 </p>
  </div>
</div>

<div class="box1 color" id="bottom frame">
  <p> 아래쪽 프레임 내용이 여기 위치 </p>
</div>
```

```
<style>
 div.box1 {font-size:40px}
 div.box1.color {color:red}
</style>
```

2 웹크롤링을 이용한 기사 검색

웹브라우저는 웹서버에 접속해서 html 파일을 다운로드한 후에 사용자가 보기 쉽도록 해석해서 화면에 보여주는 역할을 한다. 실제 이러한 과정은 웹서버와 웹브라우저 간의 인터넷 통신으로 이루어진다. 통신방식은 HTTP라는 규약에 따라 아래와 같은 절차로 이루어진다.

- 1단계: 웹서버가 실행되면 외부 클라이언트(사용자 웹브라우저)의 요청을 기다린다.
- 2단계: 사용자가 웹브라우저에 특정 인터넷주소(예: www.chosun.com)를 입력하고 웹서버에 접속한다.
- 3단계: 웹서버는 외부클라이언트가 요청한 인터넷주소에 따라 사전에 미리 설정된 HTML 파일을 외부 클라이언트에게 보내준다.
- 4단계: 웹브라우저는 다운로드받은 HTML을 해석해서 사용자 화면에 보여준다.

이러한 방법으로 우리는 인터넷을 통해 다양한 정보를 수집할 수 있는데, 이런 작업을 사람이 하기보다는 컴퓨터가 자동으로 수행하게 하는 것을 '웹크롤링(web crawling)'이라고 한다. 예를 들어 조선일보 사이트에서 특정 검색어를 입력하고 관련된 기사 본문을 수집하거나, 인터넷 쇼핑몰에서 상품 내용을 수집하는 작업을 컴퓨터에 맡길 수 있다.

웹크롤링 작업을 컴퓨터가 자동으로 하기 위해서는 다음과 같은 몇 가지 중요한 기능이 필요하다.

- 웹서버에 접속하여 웹사이트 소스파일(*.html)을 다운로드한다.
- 소스파일의 구조를 파악하여 우리가 수집하려고 하는 내용을 추출한다.
- 수집된 자료를 정리하여 파일 혹은 데이터베이스에 저장한다.

R에서 위와 같은 작업을 하기 위한 패키지 및 관련 함수는 아래와 같다.

```
패키지: httr
함수: GET(인터넷주소)
```

➡ 인터넷주소로 연결하여 html 문서를 다운로드한다.

```
패키지: XML
함수: htmlParse(인터넷주소, 인코딩형식)
```

➡ html 문서의 구조를 분석한다.

```
패키지: XML
함수: getNodeSet(html 문서, "찾을 태그")
```

➡ html 문서에서 특정 태그 부분을 추출한다.

```
패키지: XML
함수: xmlValue(xml 데이터)
```

➡ xml 형식의 데이터에서 값에 해당되는 부분만 추출한다.

1) 웹서버에 접속하여 웹사이트 html 파일 받아오기

R에서 웹서버에 접속해 웹페이지를 받아오고 분석하려면 XML 패키지를 사용해야 한다.

```
install.packages("XML")
library(XML)
①url <-
"http://nsearch.chosun.com/search/total.search?query=%EA%B2%A8%EC
%9A%B8"
②web <- GET(url)
doc <- htmlParse(web,encoding="UTF-8")
```

➡ ① 조선일보에서 특정 키워드로 기사를 검색하고 나서 주소창을 복사하면 위 url 형태의 문자를 얻을 수 있다. "query="의 코드는 검색키워드 "겨울"을 UTF-8로 코딩한 것이다.

② GET( ) 함수로 웹페이지를 다운로드한다.

③ htmlParse( ) 함수를 실행하면 웹페이지를 doc 객체에 저장할 수 있다. 실제 doc는 아래와 같은 html 내용을 갖고 있다.

2) html에서 기사링크 주소 추출하기

```
post_url <- getNodeSet(doc,"//dd[@class='thumb']/a/@href");
```

➡ html에서 우리가 찾으려고 하는 기사페이지의 링크는 아래와 같이 class가 "thumb"인 dd 태그 안에 존재한다. 실제 기사주소는 a 태그의 href 속성을 가져오면 된다.

```
<dd class="thumb"> <a target=_blank" href="http://kid.chosun... </a> </dd>
```

➡ 코드에서 getNodeSet(doc,"//dd[@class='thumb']/a/@href") 함수는 기사주소만 추출해오는 기능을 한다. 결과적으로 post_url에는 다수의 기사링크가 저장된다.

```
> post_url
[[1]]
                                                                  href
"http://san.chosun.com/site/data/html_dir/2020/05/25/2020052501021.html"
attr(,"class")
[1] "XMLAttributeValue"

[[2]]
                                                                  href
"http://san.chosun.com/site/data/html_dir/2020/05/25/2020052502180.html"
attr(,"class")
[1] "XMLAttributeValue"

[[3]]
                                                                   href
"https://biz.chosun.com/site/data/html_dir/2020/06/17/2020061700925.html"
attr(,"class")
[1] "XMLAttributeValue"
```

➡ getNodeSet( ) 함수에서는 XPath 언어를 사용해 XML 문서의 노드를 선택하기 위해 다양한 표현식을 쓴다.

경로 연산자	설명
노드 이름	해당 '노드 이름'과 일치하는 모든 노드를 선택한다.
/	루트 노드부터 순서대로 탐색해나간다.
//	현재 노드의 위치와 상관없이 지정된 노드에서부터 순서대로 탐색해나간다.
.	현재 노드를 선택한다.
..	현재 노드의 부모 노드를 선택한다.
@	속성 노드를 선택한다.

3) 기사링크에 접속해서 기사페이지 받아오기

```
article_url <- gsub('https','http',post_url[i])
```

➡ gsub( ) 함수는 기사링크에서 "https"를 "http"로 변환해주는 기능이다. http는 암호화되지 않아 처리가 간편하다.

```
if(grepl("news.chosun",article_url))
{
  ..
}
```

➡ 기사링크에서 "news.chosun"이라는 문자열이 있으면 분석을 진행하는 조건문이다. grepl은 특정 문자열이 존재하면 TRUE를 리턴한다.

```
web <- GET(article_url)
news_xml <- htmlParse(web,encoding="UTF-8")
```

➡ GET( )을 통해 기사 웹사이트를 다운로드하고, htmlParse( ) 함수를 실행해 news의 html 문서를 가져오면 아래와 같은 형태가 된다.

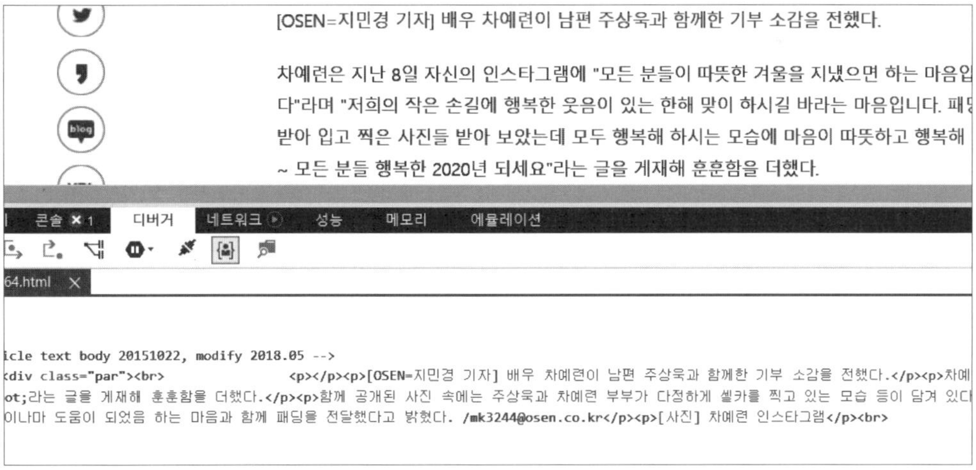

4) 기사페이지에서 본문 추출하기

```
①contents_xml <- getNodeSet(news_xml,"//div[@class='par']");
②contents <- c(contents,xmlValue(contents_xml))
```

➡ ① html 내용에서 보면 기사 본문은 class가 "par"인 div 태그에 존재하므로 getNodeSet( ) 함수를 이용하여 본문이 있는 xml 영역을 추출하여 contents_xml에 저장한다.

② 마지막으로 xmlValue( ) 함수로 태그를 제외한 값데이터만 추출하여 기존 contents에 데이터를 누적 저장한다. 실제 contents에는 아래와 같이 본문 내용이 계속 쌓이게 된다.

```
> contents
[1] "[OSEN=지민경 기자] 배우 차예련이 남편 주상욱과 함께한 기부 소감을 전했다.차예련은 지난 8일 자신의 인스타그램에
 \"모든 분들이 따뜻한 겨울을 지냈으면 하는 마음입니다\"라며 \"저희의 작은 손길에 행복한 웃음이 있는 한해 맞이 하시길
 바라는 마음입니다. 패딩 전달 받아 입고 찍은 사진들 받아 보았는데 모두 행복해 하시는 모습에 마음이 따뜻하고 행복해 지
내요~ 모든 분들 행복한 2020년 되세요\"라는 글을 게재해 훈훈함을 더했다.함께 공개된 사진 속에는 주상욱과 차예련 부부가
 다정하게 셀카를 찍고 있는 모습 등이 담겨 있다.주상욱과 차예련은 지난 6일 소외계층 아동들과 독거 노인들을 위해 1000만
 원 상당의 패딩을 전달하며 의미 있는 시간을 보냈다.주변에 도움이 필요한 분들이 추운 겨울을 좀 더 따뜻하게 보낼 수 있
는 방법을 생각해 오던 주상욱-차예련 부부는 패딩 하나 없이 겨울 나기에 어려움을 겪고 있다는 어르신들과 소외 계층 아동들
의 이야기를 전해 듣고 조금이나마 도움이 되었음 하는 마음과 함께 패딩을 전달했다고 밝혔다. /mk3244@osen.co.kr[사진]
 차예련 인스타그램"
```

```
contents <- c();
for(i in 1:10)
{
 article_url <- gsub('https','http',post_url[i])
 if(grepl("news.chosun.com/site/data",article_url))
 {
  print(article_url)
  web <- GET(article_url)
  news_xml <- htmlParse(web,encoding="UTF-8")
  contents_xml <- getNodeSet(news_xml,"//div[@class='par']");
  contents <- c(contents,xmlValue(contents_xml))
 }
 Sys.sleep(2)
}
```

➡ 최종적으로 위 코드를 실행하면 수집된 기사링크에 접속하여 본문 내용을 수집할 수 있다. 검색 결과는 페이지당 10개이므로 반복문을 사용하여 동일한 절차를 반복한다. Sys.sleep(2)는 2초간 지연을 주어 웹접속이 차단되지 않도록 하는 조치이다.

3 한글 형태소 분석 (명사 추출)

한글 형태소 분석을 위해서 “KoNLP” 패키지를 설치해야 하며 사전에 “rJava” 패키지를 설치해야 한다. 또한 컴퓨터에 JDK(Java development kit)가 설치되어 있어야 한다(JDK 12에서 KoNLP 실행에 문제가 있으므로 JDK 11 이하 버전 설치를 권장한다).

```
install.packages('rJava')
install.packages('KoNLP')
library(rJava)
library(KoNLP)
①useNIADic()
②noun <- sapply(contents,extractNoun,USE.NAMES=F)
③noun <- unlist(noun)
④noun <- Filter(function(x){nchar(x)>=2},noun)
```

➡ ① useNIADic( ) 함수는 형태소사전을 로딩하는 작업을 수행한다.

② KoNLP 패키지에서 명사를 추출하는 기능이 extractNoun이다. sapply( ) 함수를 이용하여 각 행에 대하여 함수를 수행하면 명사집합 noun이 생성된다.

③ unlist(noun)는 행마다 추출된 명사를 통합하는 작업이다.

④ Filter( ) 함수는 단어길이가 2 이상인 것만 필터링하는 기능을 수행한다. 최종 noun 집합은 아래와 같다.

```
> noun
  [1] "[스포츠조선닷컴"        "이지"
  [3] "신상"                  "출시"
  [5] "편스토랑'"             "이정현이"
  [7] "맛티스트에"            "등극"
  [9] "10"                    "방송"
 [11] "KBS"                   "2TV"
 [13] "신상"                  "출시"
 [15] "편스토랑'에서는"       "메뉴"
 [17] "대결"                  "시작"
 [19] "이경규"                "이영자"
 [21] "이정현"                "정일우와"
 [23] "등장"                  "이혜성"
 [25] "아나운서"              "이번"
 [27] "편셰프들이"            "추억"
 [29] "주제"                  "메뉴"
 [31] "개발"                  "도전"
 [33] "대결"                  "신상"
 [35] "출시"                  "편스토랑'에"
```

4 워드클라우드

워드클라우드(word cloud)는 단어의 상대적 빈도수를 보여주는 그림이다. RColorBrewer, wordcloud 패키지가 필요하다.

```
install.packages("RColorBrewer")
install.packages("wordcloud")
library(RColorBrewer)
library(wordcloud)

①pal <- brewer.pal(8,"Dark2")
②word_count <- table(noun)
③head(sort(word_count,decreasing=TRUE),10)
④set.seed(1)
⑤wordcloud(names(word_count),freq=word_count
  ,random.order=F,rot.per=0.1,
  ,scale=c(4,0.3),min.freq=2,colors=pal)
```

➡ ① brewer.pal( ) 함수는 색상표를 생성하는 함수이다. 8은 총 색깔수를 나타내며, Dark2는 색상 종류 이름이다.

② table( ) 함수는 단어의 빈도수를 계산하는 함수이다.

③ head( ) 함수는 앞쪽 10개 데이터를 확인하는 함수이다.

④ set.seed(1) 함수는 난수 생성을 고정하여 동일한 워드클라우드가 생성되게 한다.

⑤ wordcloud( ) 함수는 아래와 같은 단어구름 이미지를 생성한다. random.order=F는 무작위로 단어를 배치하는 옵션을 제거하는 것이다. 결과적으로 빈도가 많은 단어는 가운데 배치되게 한다. scale은 단어 사이즈의 최댓값과 최솟값을 설정할 수 있다. min_freq가 2이므로 빈도수 2 이상인 단어가 출력된다. rot.per는 세로로 회전된 단어의 비율을 설정하는 것이다(10%). colors 값은 색상표를 설정하는 것이다.

5 기사에 포함된 단어연관성 분석

웹크롤링과 연관분석을 이용하여 최근 코로나 관련 기사 내용에서 어떤 단어들이 연관되어 나타나는지 파악하고 현재 이슈사항을 분석해본다. 전체 분석 로직과 코드는 아래와 같다.

```
(1) 관련 패키지 로딩 & contents 리스트변수 생성
for(p in 1:5)
{
  (2) 조선일보 검색결과 p번째 페이지로부터 기사링크 추출
  for(i in 1:10)
  {
    (3) url에서 https를 http로 변환
    (4) 기사링크 확인 조건문
    {
      (5) i번째 기사에서 본문을 추출
      (6) 본문에서 명사만 추출
      (7) 불필요한 단어 제거(필터링)
      (8) [기사번호, 단어집합] 형식으로 contents 변수에 저장
    }
    Sys.sleep(1)
  }
}
(9) contents 변수를 이용하여 단어 연관분석 수행
```

각 세부 코드와 설명은 다음과 같다.

(1) 코드

```
①library(httr)
library(XML)
library(rJava)
library(KoNLP)
library(arules)
②useNIADic()
③contents <- list()
```

➡ ① httr은 웹통신 관련 패키지로 웹서버에 접속하여 웹페이지 소스를 다운로드해준다.
② useNIADic( )은 한글사전을 로딩하는 함수이다.
③ contents라는 비어 있는 리스트를 만들고 다음 코드에서 [사번호-단어집합] 형식으로 데이터를 수집하게 된다.

(2) 코드

```
①url <- "http://nsearch.chosun.com/search/total.search?
query=%EC%BD%94%EB%A1%9C%EB%82%98&field=paper&sort=1&pn="
url <- paste(url,p,sep="")
②web <- GET(url)
③doc_xml <- htmlParse(web,encoding="UTF-8")
④post_url <- getNodeSet(doc_xml,"//dd[@class='thumb']/a/@href");
```

➡ ① 기사 검색결과의 특정 페이지로 접속하기 위해 "pn=페이지번호" 형식으로 url을 생성한다.
② GET( ) 함수는 웹서버에 접속해서 웹페이지를 다운로드한다.
③ htmlParse는 웹페이지를 분석한다.
④ getNodeSet( ) 함수는 class가 'thumb'인 dd 태그에서 링크속성 href를 추출한다.

(3) 코드

```
article_url <- gsub('https','http',post_url[i])
```

➡ post_url은 기사링크가 저장되어 있는 벡터이고, 여기 i번째 링크에서 문자열을 찾아 https를 http로 변환해준다. 변환된 링크는 article_url에 저장된다.

(4) 코드

```
if(grepl("news.chosun.com/site/data",article_url))
```

➡ article_url 문자열에서 "news.chosun.com/site/data"가 있으면 분석을 진행한다.

(5) 코드

```
web <- GET(article_url)
news_xml <- htmlParse(web,encoding="UTF-8")
contents_xml <- getNodeSet(news_xml,"//div[@class='par']");
```

➡ 기사 웹페이지를 다운로드하고 분석 후 기사 본문 내용이 있는 영역을 추출한다. 최종 결과는 contents_xml에 저장된다.

(6) 코드

```
①nouns <- extractNoun(xmlValue(contents_xml))
②nouns <- unlist(nouns)
```

➡ ① contents_xml에서 태그정보를 삭제한 후 값(기사 본문)만 추출하고, extracNoun( ) 함수를 이용하여 명사만 추출한다.
② 추출된 명사들은 리스트 형식으로 나누어져 저장되는데 이것을 하나의 벡터로 합치는 것이 unlist( ) 함수이다.

(7) 코드

```
nouns <- Filter(function(x){nchar(x)>=2},nouns)
nouns <- Filter(function(x){x!='들이'},nouns)
nouns <- Filter(function(x){x!='때문'},nouns)
nouns <- Filter(function(x){x!='하기'},nouns)
nouns <- Filter(function(x){x!='10'},nouns)
```

➡ Filter( ) 함수를 이용하여 특정 조건에 부합되지 않는 단어들은 삭제한다. 위 코드에서는 단어길이가 2 미만인 단어와 의미 없는 불필요한 단어들을 삭제하였다.

(8) 코드

```
aNews <- list(nouns)
①names(aNews) <- paste('news',i,sep="")
②contents <- append(contents,aNews)
```

➡ ① 최종 데이터는 [기사이름, 단어집합] 형식으로 저장되므로 단어집합을 다시 리스트로 만들고 기사이름을 "news#" 형식으로 만든다.

② 최종 데이터를 저장하는 contents에 기사 데이터를 추가한다.

(9) 코드

```
①trans <- as(contents,'transactions')
②rules <- apriori(trans,parameter=list(support=0.15,confidence=0.2,minlen=4))
③rules.sorted <- sort(rules,by='lift')
④inspect(rules.sorted)
```

➡ ① contents를 transactions 객체로 변환한다.

② apriori( ) 함수를 이용하여 연관분석을 수행한다. 데이터에 따라 적절한 support, confidence, minlen 값을 설정해야 한다.

③ 연관 로직을 lift로 정렬하여 높은 lift값을 가진 로직을 상단에 보이게 한다.

④ inspect( ) 함수를 이용하여 생성된 연관규칙을 살펴본다.

위의 분석 방법을 이용하여 연관규칙을 살펴보면 아래와 같은 정보가 보인다.

```
{교수,대비,상황,이상}            => {서울}
{상황,이후,정부,지역}            => {전문가}
{상황,연구,이후,정부,지역}       => {전문가} (
{가능성,비교,정부,정책,지역} => {추진}    (
{가능성,정부,정책,지역,추진} => {비교}    (
{20,이후,정부}                   => {확대}
{사태,상황,올해}                 => {지난달}
{대비,대책,이후}                 => {교수}
{대비,대책,정부}                 => {교수}
{대책,이후,정부}                 => {교수}
{대비,시장,환경}                 => {분석}
{대통령,보도,정책}               => {국가}
{국가,보도,정책}                 => {대통령}
{대통령,미국,보도}               => {국가}
{국가,미국,보도}                 => {대통령}
{미국,보도,정책}                 => {대통령}
{미국,보도,정책}                 => {국가}
{대통령,정책,중국}               => {국가}
{국가,정책,중국}                 => {대통령}
{대통령,미국,중국}               => {국가}
{국가,미국,중국}                 => {대통령}
{가능성,대통령,정책}             => {국가}
{가능성,대통령,정부}             => {국가}
```

앞의 연관분석을 통해 몇 가지 지식을 추출할 수 있다.

- "지역적인 코로나 상황"에 대한 기사에 "전문가"라는 단어가 연관되어 있는 것을 볼 수 있다. 전문가의 도움을 받아 상황을 파악하는 기사 내용이라고 판단할 수 있다.
- "코로나 관련 정부의 대책"에 대한 기사에서 "교수"라는 단어가 연관되어 있는 것을 볼 수 있다. 관련 교수들의 조언과 분석을 통해 향후 대책을 모색하는 기사 내용을 유추해 볼 수 있다.
- 또한 "국가, 미국" 관련 기사에서 "대통령"이라는 단어가 연관되어 있는 것을 볼 수 있다. 역시 미국과 관련된 코로나 기사에서 "대통령"이라는 단어가 연관되어 있는 것을 볼 수 있다. 미국의 코로나 대처에 대한 트럼프 대통령 관련 기사 내용을 유추해볼 수 있다.

6 감성정보분석 사례 1 (식당 고객리뷰 분석)

textir 패키지에 포함된 식당 고객리뷰에 관련된 "we8there" 데이터를 사용하여 분류모델을 생성해보자. 데이터는 6166개의 식당에 대하여 5개 영역(Food, Service, Value, Atmosphere, Overall)에 대한 점수(1~5)와 리뷰글인데, we8thereCounts와 we8thereRatings으로 나누어져 있다. 리뷰글로부터 긍정/부정을 분류할 수 있는 모델을 생성해본다. 모델은 로지스틱 회귀분석을 사용한다.

■ **we8thereCounts 데이터 형태**

- 데이터는 6166개의 식당리뷰에서 2640개의 연속된 2개 단어(bigrams)의 출현빈도를 표시하고 있다.
- 행은 식당리뷰 번호, 열은 bigrams을 나타낸다.

	bigrams (2640)
리뷰 (6166)	1 1 1.....0 1 1 1.....0 ... 1 1 1.....0

■ we8thereRatings 데이터 형태

- 데이터는 6166개의 식당 리뷰에서 5개 영역(Food, Service, Value, Atmosphere, Overall)에 대한 점수(1~5)를 표시하고 있다.

	Food, Service, Value, Atmosphere, Overall
리뷰 (6166)	5 4 5 5 4 … 1 2 1 2 1

```
install.packages('textir')
library(textir)
①data(we8there)
②f <- apply(we8thereCounts,2,sum)
③plot(f)
```

➡ ① 패키지를 설치하고 데이터를 로딩한다.

② apply는 2차원 데이터에서 열방향(2)으로 합해주는 처리를 하게 된다. 결과적으로 bigrams의 빈도수를 구하게 된다.

③ plot( ) 함수를 통해 빈도수를 그래프로 표현하면 아래와 같다. 데이터 자체가 미리 정렬되어 있어서 빈도수가 많은 bigrams가 왼쪽에 있는 것을 알 수 있다.

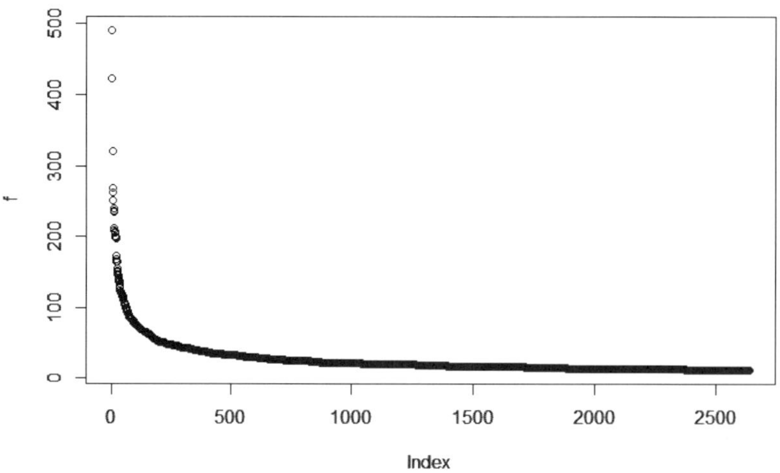

```
①x <- as.matrix(we8thereCounts[,1:100])
②r <- as.matrix(we8thereRatings)
③d <- cbind(x,r)
④d <- d[,-c(101:104)]
⑤d <- as.data.frame(d)
⑥newIdx <- sample(1:6166,6166)
⑦d <- d[newIdx,]
⑧plot(d[,101])
```

➡ ① we8thereCounts에서 빈도수가 많은 앞쪽 100개만 뽑아서 매트릭스 x를 생성한다.
② we8thereRatings를 매트릭스 r로 변환한다.
③ 데이터 x와 r을 열단위로 합쳐서 데이터 d를 생성한다.
④ d에서 5개 리뷰점수 중 Overall만 사용하도록 한다.
⑤ d를 데이터프레임으로 변환한다.
⑥ 리뷰점수 순으로 정렬되어 있는 것을 랜덤하게 섞도록 인덱스를 생성한다.
⑦ 새로운 인덱스를 이용하여 d를 새로 생성한다.
⑧ 리뷰점수 중 Overall만 그래프로 그려본다.

위 코드를 통해 생성된 데이터 d는 아래 그림처럼 점수가 골고루 분포되어 있다.

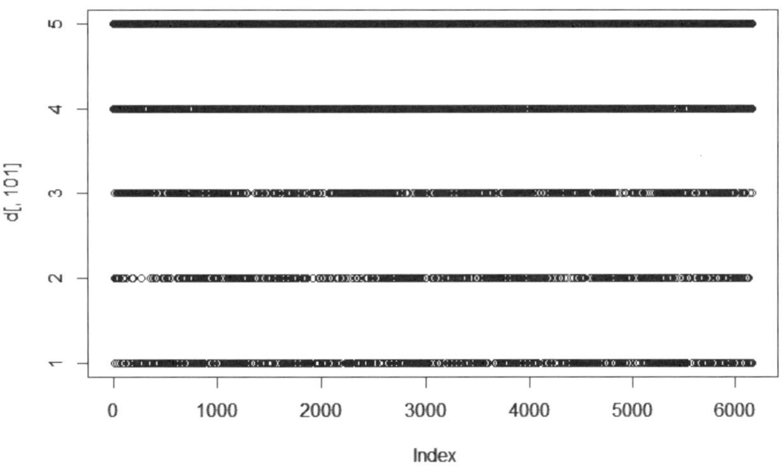

```
①train.data <- d[1:4000,]
test.data <- d[4001:6166,]
library(nnet)
②m <- multinom(train.data$Overall~.,data=train.data)
③p <- predict(m,newdata=test.data[,1:100],type="class")
④p <- as.numeric(p)
⑤pos <- test.data[,101]>=4
⑥pos_predict <- p>=4
⑦tb <- table(pos,pos_predict)
```

➡ ① 데이터 중 4000개를 모델 학습(train.data)에 사용하고 나머지(test.data)를 성능테스트에 활용한다.

② multinom( ) 함수를 이용하여 로지스틱 회귀분석 모델을 생성한다. 모델 m은 식당 리뷰에서 관측된 bigrams를 이용하여 리뷰점수를 분류하는 모델이다.

③ test.data를 이용하여 점수를 분류해본다. 입력값은 1~100열을 사용한다. 실제 점수는 101번째 열에 있다.

④ as.numeric( ) 함수를 사용하여 분류 결과를 숫자로 변환한다.

⑤ 점수가 4 이상이면 긍정(true)을 표현하여 실제 결과를 pos에서 저장한다. 3 이하이면 부정(false)을 나타낸다.

⑥ 예측 결과를 pos_predict에서 저장한다.

⑦ 실제값과 예측값을 교차분석하는 테이블을 생성한다(행은 실제값, 열은 예측값을 의미함).

```
> tb
       pos_predict
pos     FALSE TRUE
  FALSE   103  510
  TRUE     60 1493
```

교차테이블을 이용하여 계산된 모델의 평가지표는 아래와 같다.

정확도 (accuracy)	73.7%	전체 분류에서 옳은 분류의 비율
정밀도 (precision)	74.5%	긍정(T)으로 예측된 것 중 실제로 긍정(T)인 경우의 비율
재현율 (recall)	96.1%	실제로 긍정(T)인 리뷰 중 예측이 긍정(T)으로 된 경우의 비율

7 감성정보분석 사례 2 (네이버 영화 네티즌리뷰 분석)

1) 데이터 수집

전체 데이터 수집 절차는 2가지 반복문으로 표현된다.

① 영화리뷰페이지 번호를 변경하여 페이지당 리뷰데이터 추출 작업을 수행한다.
② 각 페이지에 10개에 대한 영화리뷰를 하나하나 추출하여 저장한다.

네이버 영화 리뷰페이지의 html 구조를 파악하여 필요한 태그위치를 알아내어 추출한다. 분석 로직은 다음과 같다.

```
(1) 관련 패키지 로딩
아래 반복문에서 각 페이지당 추출작업 수행
for(p in 1:100)
{
  (2) 네어버 영화리뷰 p 페이지 다운로드 및 리뷰부분(movie_reviews)    추출
  아래 반복문에서 각 페이지에 존재하는 영화리뷰 각각에 대해서 처리
  for(aReview in movie_reviews)
  {
    (3) 리뷰에서 영화제목 추출
    (4) 평가점수 추출
    (5) 리뷰글 추출
    (6) [제목, 점수, 리뷰글] 형태로 저장
  }
  Sys.sleep(1)
}
(7) 전체 데이터를 파일에 저장
```

각 세부 코드와 설명은 다음과 같다.

(1) 코드

```
①library(rvest)
②library(RCurl)
library(httr)
library(XML)
③firstTime <- TRUE
```

➡ ① rvest, XML 패키지는 http 문서를 분석하는 도구를 제공한다.
② RCurl, httr은 http 통신 도구를 제공한다.
③ firstTime 변수는 전체 데이터를 저장하는 데이터프레임을 최초에 한 번만 생성하기 위한 제어기호이다.

(2) 코드

```
①url <- "https://movie.naver.com/movie/point/af/list.nhn?&page="
url <- paste(url,p,sep="")
②web <- getURLContent(url)
③doc_xml <- htmlParse(web)
④movie_reviews <- getNodeSet(doc_xml,"//td[@class='title']");
```

➡ ① 영화리뷰 웹주소(url)를 생성한다. 뒤쪽에 페이지번호를 붙인다.
② getURLContent( ) 함수를 이용하여 웹페이지를 다운로드한다.
③ htmoParse( ) 함수로 html 파일을 분석한다.
④ getNodeSet( ) 함수를 이용하여 class가 title인 td 태그 내용을 추출한다.

(3) 코드

```
①title <- xmlValue(getNodeSet(aReview,"a[@class='movie color_b']"))
②title <- repair_encoding(title,from='UTF-8')
```

➡ ① class가 move color_b인 태그 부분을 추출한다. xmlValue( ) 함수는 태그 내용만 추출해준다.
② repair_encoding( ) 함수를 이용하여 한글 인코딩을 수정해준다(한글 깨짐 방지).

(4) 코드

```
score <-
xmlValue(getNodeSet(aReview,"div[@class='list_netizen_score']/em"));
```

➡ class가 list_netizen_score인 div 태그에서 em 태그 내용을 가져온다.

(5) 코드

```
①reviewText <-
xmlValue(getNodeSet(aReview,"text()[preceding-sibling::br]"));
②reviewText <- paste(reviewText,collapse='')
③reviewText <- repair_encoding(reviewText,from='UTF-8')
④reviewText <- gsub('\t','',reviewText)
reviewText <- gsub('\n','',reviewText)
```

➡ ① review 태그의 텍스트 중 br 태그 다음에 존재하는 텍스트만 추출하면 리뷰 내용만 가져올 수 있다.

② 추출된 내용이 여러 개의 Vector( )로 되어 있을 수 있으므로 paste( )에서 collapse 옵션을 사용하여 하나의 문자열로 합쳐준다.

③ repair_encoding( ) 함수를 이용하여 한글 인코딩을 수정해준다(한글 깨짐 방지).

④ gsub( ) 함수를 이용하여 불필요한 특수문자를 제거한다.

(6) 코드

```
if(firstTime==TRUE)
{
  reviews <-
① data.frame(title=c(title),
              score=c(as.numeric(score)),
              review=c(reviewText),stringsAsFactors = FALSE)
 firstTime <- FALSE
}
else
{
② reviews <- rbind(reviews,c(title,as.numeric(score),reviewText))
}
```

➡ ① firstTime이 TRUE이면 데이터프레임(reviews)을 만들고 [제목,점수,리뷰글]을 저장한다. 최초 데이터프레임을 만들 때 각 변수의 이름은 title, score, review를 사용한다.

② firstTime이 FALSE이면 기존 reviews 데이터에 [제목,점수,리뷰글]을 추가한다.

(7) 코드

```
write.csv(reviews,"naver_movie_review.txt")
```

➡ 전체 데이터를 파일에 저장한다. txt 파일에 아래와 같은 형태로 829개가 저장된다.

```
naver_movie_review.txt - Windows 메모장
파일(F) 편집(E) 서식(O) 보기(V) 도움말(H)
"","title","score","review"
"1","반도","1","베댓만 봐도 평점 8점이 나올리가 없는데 알바 존나 쓰나보네 OOO들 "
"2","반도","2","음...이걸 마스크끼고 본 내가 미친놈이지...차로 좀비들이박는게 넘 길다.. "
"3","더 이퀄라이저 2","9","올뉴말리부!!! "
"4","반도","7","그냥 좀 아쉬워요좀비 + 매드맥스 느낌의 영화였네요.... "
"5","소리꾼","4","남주 연기가 어설프니 도무지 감동이란 느낄 수 가 없는1인 소리꾼이 주제다 보니 소리도
"6","결백","10","진짜 너무 감동적이여서 끝나는 내내 울었네요. 외국에서 생활하는데 가족생각이 참 많이 !
"7","더 이퀄라이저 2","10",""
"8","소년시절의 너","10","지켜주지 못한 나의 어린날이 기억나서 너무 슬펐다. "
"9","반도","2","언제쯤 신파 없는 조선 영화를 볼 수 있을까 "
"10","사다코 대 카야코","6","이 시리즈를 여기까지 끌고와서 울거 먹다니  무섭지도 않다 "
```

2) 분류분석

데이터마이닝 모델은 입력 데이터가 수치 데이터, 혹은 범주형 데이터일 경우에 적용할 수 있다. 그러므로 텍스트 데이터를 데이터마이닝에 사용하려면 먼저 수치 데이터로 변환해주어야 한다. 또한 수치 데이터 변환 전에 언어학적 분석을 통해 꼭 필요한 명사, 형용사, 동사 등을 추출하는 작업도 해야 한다. R에서 사용할 수 있는 한국어형태소분석기는 KoNLP 패키지를 사용할 수 있다. 텍스트의 수치 변환에는 문서와 단어를 이용한 행렬 형태의 수치 데이터를 사용할 수 있다.

아래 3개의 영화리뷰를 생각해보자.

리뷰번호	리뷰 텍스트	명사 추출 (단어길이 2 이상 단어)
1	독특한 스토리로 흥미롭게 봤던 영화	독특, 스토리, 흥미, 영화
2	스토리가 꽤 신선하게 느껴졌던 영화	스토리, 신선, 영화
3	지루했던 영화	영화, 지루

위 텍스트는 아래와 같이 수치 벡터로 표현할 수 있다. 벡터의 숫자는 리뷰에서 나타난 단어의 빈도수를 나타낸다. 이러한 데이터를 TF(term frequency)라고 한다.

	독특	스토리	영화	흥미	신선	지루
1	1	1	1	1	0	0
2	0	1	1	0	1	0
3	0	0	1	0	0	1

이러한 문서-단어 행렬을 생성해주는 도구로는 tm 패키지를 사용한다.

```
library(tm)
x <- data.frame(doc_id=c(1,2,3),
    text=c('독특 스토리 흥미 영화','스토리 신선 영화','영화 지루'),
    stringsAsFactors=FALSE)
①corpus <- Corpus(DataframeSource(x))
②x <- DocumentTermMatrix(corpus)
  x$dimnames$Terms <- repair_encoding(x$dimnames$Terms)
③y <- as.data.frame(as.matrix(x))
```

➡ ① tm 패키지를 사용하려면 텍스트 데이터를 Corpus 데이터 형식으로 변환해주어야 한다. 텍스트가 벡터로 저장되어 있으면 Corpus(VectorSource(벡터))를 사용하고, 데이터프레임으로 저장되어 있으면 Corpus(DataframeSource(벡터))를 사용한다.

② DocumentTerMatrix( ) 함수로 수치데이터를 만들어주면 한글 단어로 표현된 인덱스가 깨지는 문제가 발생하므로 repair_encoding( ) 함수로 복원해준다.

③ 생성된 데이터 x는 리스트 형태인데, 데이터마이닝 모델에서 쉽게 사용할 수 있도록 데이터 프레임 형태로 변환한다.

R에서 최종 생성된 y 데이터는 아래와 같다.

	독특	스토리	영화	흥미	신선	지루
1	1	1	1	1	0	0
2	0	1	1	0	1	0
3	0	0	1	0	0	1

영화리뷰 데이터를 데이터마이닝 분류모델에 사용하려면 다음과 같은 처리과정을 거쳐야 한다.

① 데이터를 읽어오고 전처리한다.
② 텍스트 데이터를 Term Frequency 형태로 변환한다.
③ 분류모델을 학습하고 성능을 평가한다.

이러한 모델을 사용하면 컴퓨터가 사용자 리뷰를 분석하여 긍정적 혹은 부정적인 의견인지 자동 판단하는 시스템을 개발할 수 있다. 분석 로직은 다음과 같다.

(1) 관련 패키지를 로딩한다.
(2) 영화리뷰 데이터 파일을 읽어온다.
(3) 텍스트 데이터를 전처리하고 영화평가점수를 이용하여 긍정, 부정 리뷰로 나눈다.
(4) 리뷰 데이터를 문서별 단어 빈도수 형태로 변환한다.
(5) 모델학습용 데이터와 테스트용 데이터세트로 나눈다.
(6) 의사결정나무 모델을 이용하여 분류모델을 생성하고 평가한다.

각 세부 코드와 설명은 아래와 같다.

(1) 코드

```
①library(rJava)
library(KoNLP)
library(tm)
②useNIADic()
```

➡ ① 한글형태소 분석 관련 패키지와 Text Mining 패키지를 로딩한다.
② useDIADic( ) 한글사전을 메모리에 로딩한다.

(2) 코드

```
①reviews <- read.csv("naver_movie_review.txt",stringsAsFactors = FALSE)
②reviews <- reviews[,-2]
③reviews <- cbind(reviews, ifelse(reviews[,2]>=5,'pos','neg'))
④reviews <- reviews[,-2]
⑤names(reviews) <- c('doc_id','text','label')
```

➡ ① 파일에서 데이터를 읽어온다. 문자열이 factor로 저장되지 않도록 stringsAsFactors=FALSE 옵션을 설정한다.
② 영화제목(2번째 열)은 데이터에서 제거한다.
③ 평가점수를 이용하여 긍정(pos), 부정(neg) 데이터를 생성하여 새로운 열을 붙인다.
④ 평가점수(2번째 열)를 데이터에서 제거한다. 최종 데이터는 아래와 같은 형태가 된다.

[리뷰번호, 리뷰글, 라벨]

⑤ tm 패키지에서 사용하려면 데이터필드 이름에 "doc_id"와 "text"를 써야 한다.

(3) 코드

```
①reviews[,2] <- gsub('^','',reviews[,2])
reviews[,2] <- gsub('ㅋ','',reviews[,2])
reviews[,2] <- gsub('~','',reviews[,2])
reviews[,2] <- gsub('!','',reviews[,2])
reviews[,2] <- gsub('ㅜ','',reviews[,2])
reviews[,2] <- gsub('ㅠ','',reviews[,2])
datasize <- dim(reviews)
for(r in c(1:datasize[1]))
{
 ②ns <-extractNoun(reviews[r,2])
 reviews[r,2] <- paste(ns,collapse=' ')
 r <- r+1
}
③reviews <- reviews[nchar(reviews[,2])>0,]
```

➡ ① gsub( ) 함수를 이용하여 불필요한 문자를 삭제한다.
② 각 리뷰글에서 명사추출(extractNoun)을 실행한다. 추출된 명사 집합을 paste( ) 함수를 이용하여 하나의 문자열로 모아준다.
③ 추출된 명사에서 길이 2 이상인 단어만 사용한다.

(4) 코드

```
①corpus <- Corpus(DataframeSource(reviews[,1:2]))
②x <- DocumentTermMatrix(corpus,control=list(weight=weightTfIdf))
y <- as.data.frame(as.matrix(x))
③z <- cbind(y,label=reviews[,'label'])
```

➡ ① 리뷰텍스트를 Corpus(말뭉치) 객체로 변환한다.
② DocumenTermMatrix( ) 함수를 이용하여 리뷰텍스트를 수치형 벡터로 변환한다. 이때 weightTfIdf 옵션은 TF-IDF(term frequency-inverse document frequency) 형태의 변환방식을 사용한다. TF-IDF는 각 단어의 빈도수에 단어가 나타난 문서의 빈도수를 나누어주는 방식을 사용한다. 여러 문서에서 동시에 나타나는 단어는 문서를 분류하는 데 도움이 되지 않으므로 이러한 단어에 낮은 가중치를 주는 방법이다.
③ 최종 데이터 z는 리뷰의 n차원 수치 벡터와 라벨(긍정 혹은 부정 표시) 데이터를 가지게 된다.

(5) 코드

```
library(sampling)
①set.seed(1)
②ind <- sample(1:2,nrow(z),replace=TRUE,prob=c(0.8,0.2))
trainset <- z[ind==1,]
testset <- z[ind==2,]
```

➡ ① 동일한 데이터를 생성하도록 see.seed(1)를 항상 먼저 호출한다.
② 랜덤하게 학습용 데이터 80%를 생성하고, 테스트용 데이터 20%를 생성한다.

(6) 코드

```
library(rpart)
①m <- rpart(label~.,data=trainset)
②pre <- predict(m,newdata=testset,type="class")
③tb <- table(testset$label,pre)
```

➡ ① trainset을 이용하여 의사결정나무 모델을 생성한다.
② predict( ) 함수를 이용하여 testset을 분류하고,
③ 실제값과 예측값을 교차분석하는 테이블을 생성한다(행은 실제값, 열은 예측값을 의미함).

```
     neg pos
neg   30  29
pos   27  77
```

분석 결과를 정리하면 다음과 같다.

- 부정리뷰 59개 중에 30개를 부정으로 예측하였고, 29개를 긍정으로 분류하였다.
- 긍정리뷰 104개 중에 27개를 부정으로 예측하였고, 77개를 긍정으로 분류하였다.

결과적으로 모델의 평가지표는 아래와 같다.

정확도 (accuracy)	65.6%	전체 예측에서 옳은 분류의 비율
정밀도 (precision)	72.6%	긍정(pos)으로 예측된 것들 중 실제로 긍정(pos)인 경우의 비율
재현율 (recall)	74.0%	실제로 긍정(pos)인 것들 중 긍정(pos)으로 예측된 경우의 비율

8 단어연관성 그래프 분석 사례 (옥션 상품 분석)

1) igraph 패키지를 이용한 네트워크 표현

아래와 같은 단어 4개에 대한 동시관측횟수를 이용하여 그래프 분석을 해보자.

단어번호	단어
1	word1
2	word2
3	word3
4	word4

단어쌍	빈도수
word1 - word2	30
word1 - word3	20
word2 - word4	10
word3 - word4	4

위와 같은 데이터는 다음과 같은 네트워크로 표현될 수 있다.

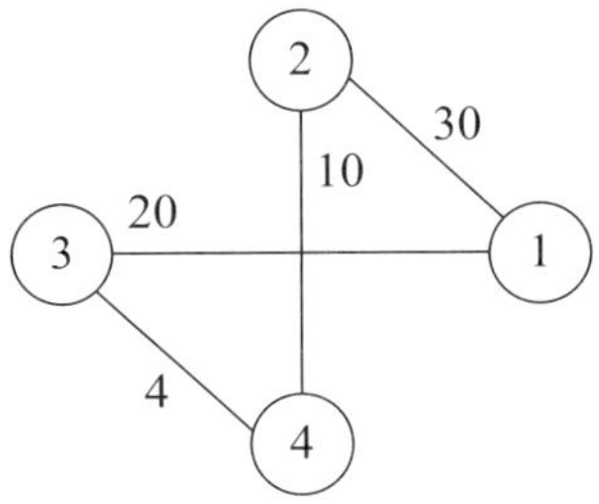

igraph 패키지를 이용하여 위 네트워크를 표현해보자.

```
install.packages("igraph")
library(igraph)
```

➡ 그래프 분석에서는 igraph 패키지를 사용할 수 있다. 패키지를 설치하고 로딩한다.

```
p <- matrix(c(1,2,30,1,3,20,2,4,10,3,4,4),byrow = T, ncol = 3)
```

➡ 위 코드는 아래와 같은 형식으로 행렬(matrix)을 생성한다.

열1(단어번호)	열2(단어번호)	열3(빈도수)
1	2	30
1	3	20
2	4	10
3	4	4

```
nw <- graph.edgelist(p[, 1:2])
E(nw)$weight <- p[,3]
```

➡ igraph를 사용하려면 graph.edgelist( ) 함수를 이용하여 네트워크 데이터를 생성해야 한다. E(nw)$weight는 네트워크(nw)의 edge에 대한 가중치(빈도수)를 설정하는 변수이다. E(*)는 네트워크의 edge를 지칭하는 함수이다.
igraph에서 vertex는 네트워크의 특정 지점(노드)을 의미하고, edge는 지점 간의 연결링크를 의미한다.

```
nodename <- c("word1","word2","word3","word4")
plot(nw, layout = layout.circle, vertex.shape = "circle", vertex.size = 40
    ,vertex.label = nodename, vertex.label.font = 1, vertex.label.cex = 1.5
    ,edge.width=E(nw)$weight/2, edge.arrow.size=0, edge.color="darkblue")
```

➡ nodename은 vertex에 사용할 단어이름을 벡터로 생성한 것이다. plot에 사용된 옵션은 아래와 같은 의미를 지닌다.

옵션	의미
layout	네트워크 노드의 좌표를 정하는 5가지 알고리즘을 선택하는 옵션이다. - layout.circle : 원 배치 - layout.random : 무작위 배치 - layout.fruchterman.reingold : Fruchterman Reingold 배치 알고리즘 - layout.kamada.kawai : kamada Kawai 배치 알고리즘 - layout.lgl : 대규모 네트워크를 위한 배치 알고리즘
vertex.shape	노드 모양을 설정하는 옵션이다. 종류는 "circle", "square", "rectangle", "none"이며 기본은 "circle" 이다.
vertex.size	노드 크기를 설정한다.
vertex.label	노드에 사용한 라벨텍스트를 지정한다.
vertex.label.font	노드텍스트의 글자형을 설정한다. (1 : plain text, 2 : bold, 3 : italic, 4 : bold italic)
vertex.label.cex	노드텍스트의 크기를 설정한다.
edge.width	링크의 선 굵기를 설정한다. 위 코드에서는 글자의 빈도수를 사용하였다.
edge.arrow.size	링크의 화살표 크기를 설정한다. 0으로 설정하면 화살표는 생략된다.
edge.color	링크의 색상을 설정한다.

위 코드를 이용한 단어연관성 그래프는 다음과 같이 표현된다. 동시발생 빈도수가 많을수록 굵은 선으로 나타난다.

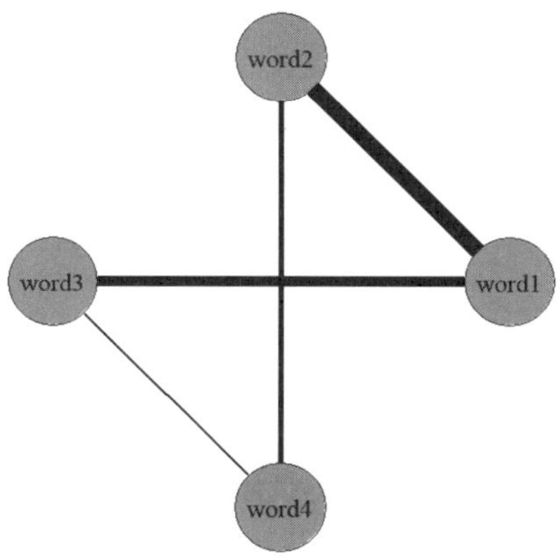

2) 옥션 상품 단어연관성 그래프 분석

옥션에서 특정 키워드로 수집한 상품정보를 분석하여 동시에 출현하는 단어의 빈도수를 통해 상품특성을 분석해보도록 하자. 먼저 각 상품의 정보를 수집하는 코드는 아래와 같은 구조를 지닌다.

```
(1) 관련 패키지 로딩 & 상품정보 리스트변수를 생성한다.
for(p in 1:10)
{
  (2) 옥션상품 검색결과 p번째 페이지를 받는다.
  (3) 웹페이지에서 상품정보를 추출한다.
  (4) 불필요한 특수문자를 제거하고 리스트변수에 추가한다.
}
(5) 수집된 상품정보를 파일에 저장한다.
```

세부 코드는 아래와 같다.

(1) 코드

```
library(httr)
library(XML)
item_contents <- list()
```

➡ httr은 웹통신 관련 패키지로 웹서버에 접속하여 웹페이지 소스를 다운로드해준다.
XML 패키지는 웹문서를 분석하여 특정 태그 내용을 추출하는 도구이다.
item_contents라는 비어 있는 리스트를 만든다.

(2) 코드

```
①url <-
 "http://browse.auction.co.kr/search?keyword=%ea%b2%a8%ec%9a%b8&k=24&p=1"
②url <- paste(url,p,sep="")
③print(url)
④web <- GET(url)
```

➡ ① 검색결과 주소를 생성하는 코드이다. 검색어는 "겨울"이다. 실제 옥션 사이트에서 검색어를 입력하고 주소창에 생성되는 주소를 복사한다.
② 검색결과 페이지 번호를 추가한다.
③ 검색주소를 화면에 출력한다.
④ 웹서버에 접속하여 웹페이지를 받아온다.

(3) 코드

```
①doc_xml <- htmlParse(web,encoding="UTF-8")
②item_xml <- getNodeSet(doc_xml,"//span[@class='text--title']")
③item_names <- xmlValue(item_xml)
```

➡ ① 웹페이지를 분석한다.
② 웹페이지에서 class가 text—title인 span 태그 부분을 추출한다.
③ 태그 내용에서 텍스트 내용만 추출한다.

(4) 코드

```
①item_names <- gsub("[[:punct:]]"," ",item_names)
②item_contents <- append(item_contents,item_names)
```

➡ ① 상품정보에서 구두점 특수문자를 제거한다.
② 전체 상품정보를 저장하는 변수(item_contents)에서 현재 상품정보(item_names)를 추가한다.

(5) 코드

```
①item_contents <- unlist(item_contents)
②writeLines(item_contents,"auction_01.txt",sep="\n")
```

➡ ① 리스트 형태의 상품정보를 벡터로 변환한다.
② n개의 상품정보를 줄바꾸기 문자로 구분하여 파일에 저장한다.

앞에서 수집한 상품정보에서 단어의 동시출현빈도를 분석하여 단어연관성을 분석해 보자. 전체 코드는 다음과 같은 흐름으로 진행된다.

- 1단계: 관련 패키지를 로딩한다.
- 2단계: 수집된 데이터를 파일로부터 불러오고 데이터 변수에 저장한다.
- 3단계: 각 상품정보에서 빈칸을 제거한다.
- 4단계: 상품정보를 이용하여 연관성 분석을 실행한다.
- 5단계: 분석 결과에서 단어출현빈도 데이터를 행렬로 표현한다.
- 6단계: igraph 패키지에서 사용할 수 있도록 네트워크 데이터를 생성한다.
- 7단계: 네트워크 데이터를 이용하여 단어연관성 그래프를 그린다.

세부 코드는 아래와 같다.

(1) 코드

```
library(igraph)
library(arules)
```

➡ 네트워크 그래프를 표현하는 igraph 도구와 연관분석 도구 arules를 로딩한다.

(2) 코드

```
data <- readLines("auction_01.txt")
data <- strsplit(data," ")
```

➡ 앞에서 수집한 상품정보 파일을 읽어서 데이터 변수를 만든다. 또한 strsplit( ) 함수를 이용하여 각 상품정보 단어를 스페이스(빈칸)로 분할한다.

(3) 코드

```
filtered <- list()
for(index in 1: length(data))
{
 temp <- Filter(function(x){nchar(x) >=1},data[[index]])
 filtered[[index]] <- temp
}
```

➡ data는 리스트 형태의 변수인데 각 데이터는 상품특성의 단어 집합을 의미한다. 이러한 단어 가운데 길이가 0인 단어가 있을 수 있는데 이를 제거하기 위한 필터링 코드이다. 빈 리스트(filtered)를 만들고, data에서 1개씩 필터링하여 결과(temp)를 새로운 리스트(filtered)에 저장한다.

(4) 코드

```
①trans <- as(filtered,'transactions')
②rules
 <- apriori(trans,parameter=list(support=0.04,confidence=0.01,minlen=2,maxl
en=2))
③rules <- sort(rules,by='count')
④x <- inspect(rules)
```

➡ ① filtered 변수를 이용해 arules 패키지에서 사용할 수 있도록 "transactions" 형태로 변환한다.
② 연관성 분석을 수행한다. 최소 support와 최소 confidence는 각각 0.04, 0.01로 설정했다. 규칙의 최소, 최대 길이는 2로 설정되었으므로 단어 > 단어 형태의 규칙만 생성한다.
③ 생성한 규칙을 count(발생횟수)로 정렬한다.
④ 생성된 규칙을 x 변수에 저장한다. x 변수는 아래와 같이 데이터프레임으로 생성된다.

```
> x
          lhs          rhs support confidence      lift count
[1]      {남성} =>     {겨울}   0.140 0.85365854 1.3443442   140
[2]      {겨울} =>     {남성}   0.140 0.22047244 1.3443442   140
[3]      {기모} =>     {겨울}   0.134 0.78362573 1.2340563   134
[4]      {겨울} =>     {기모}   0.134 0.21102362 1.2340563   134
[5]      {남자} =>     {겨울}   0.121 0.82312925 1.2962665   121
[6]      {겨울} =>     {남자}   0.121 0.19055118 1.2962665   121
[7]      {여성} =>     {겨울}   0.119 0.85000000 1.3385827   119
[8]      {겨울} =>     {여성}   0.119 0.18740157 1.3385827   119
[9]      {방한} =>     {겨울}   0.115 0.80985915 1.2753687   115
[10]     {겨울} =>     {방한}   0.115 0.18110236 1.2753687   115
```

생성된 규칙이 26개인데, 위에서 보는 바와 같이 x는 7개 변수에 대한 관측값 26개를 가진다.

(5) 코드

```
①nodename <- levels(x$lhs)
②nodename <- gsub("[[:punct:]]","",nodename)
③c1 <- as.numeric(x$lhs)
④c2 <- as.numeric(x$rhs)
⑤c3 <- x$count
⑥p <- matrix(c(c1,c2,c3),ncol=3)
```

➡ ① 연관규칙에서 사용하고 있는 단어는 팩터형인데 모든 단어리스트를 가져온다. levels( ) 함수는 팩터형 데이터에서 사용하는 모든 팩터문자 데이터를 생성해준다.
② 단어리스트에서 구두점 특수문자를 제거한다.
③ 행렬에서 사용할 첫 번째 열을 연관규칙 lhs(left hand side)으로 설정하는데 팩터문자의 인덱스번호를 사용한다.
④ 행렬에서 사용할 두 번째 열을 연관규칙 Rhs(right hand side)로 설정하는데 팩터문자의 인덱스번호를 사용한다.
⑤ 행렬에서 사용할 세 번째 열은 발생횟수 데이터를 사용한다.
⑥ 단어출현빈도 데이터를 행렬 p로 생성한다.

(6) 코드

```
①link <- graph.edgelist(p[, 1:2])
②E(link)$weight <- p[,3]
③plot(link, layout = layout.circle, vertex.size = 40, vertex.shape = "circle"
      , vertex.label = nodename, vertex.label.font = 1.5, vertex.label.cex = 1.5
      , edge.width=E(link)$weight/14, edge.arrow.width=0,edge.color="darkblue")
```

➡ ① 행렬의 1열과 2열을 이용하여 네트워크 객체(link)를 생성한다.
② 네트워크 링크의 가중치를 빈도수(행렬의 3열)로 설정한다.
③ plot( ) 함수를 이용하여 단어빈도수 네트워크 그래프를 생성한다. 노드의 라벨은 앞에서 생성한 단어리스트를 사용하였다.

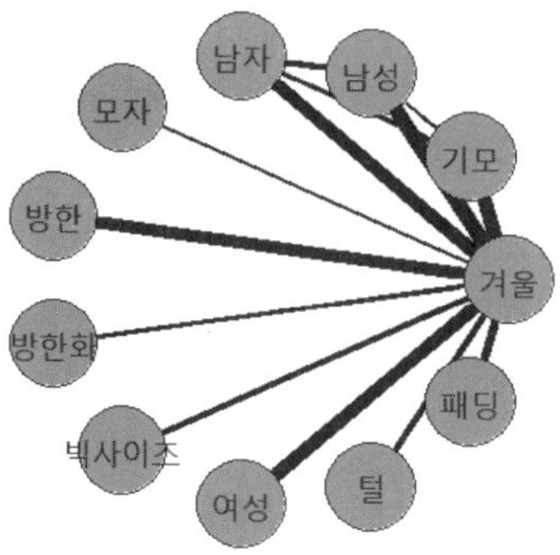

9 네이버 API를 이용한 블로그 글 수집

① https://developers.naver.com/main/에 접속한 후 [오픈 API 이용 신청] 버튼을 클릭한다.

② 애플리케이션 등록 화면에서 아래 사항을 입력한다.

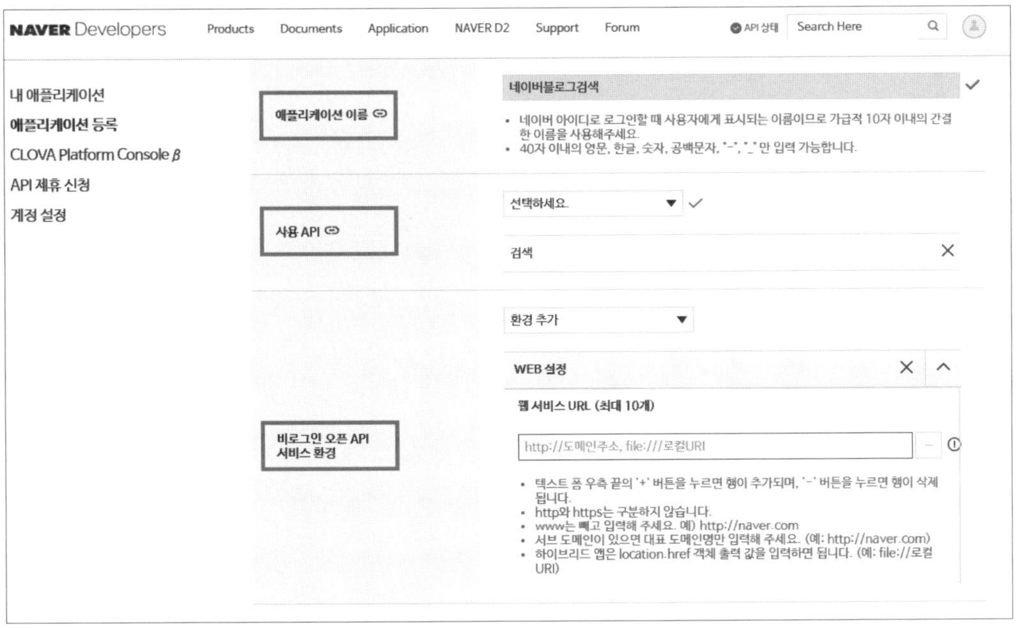

항목	내용
애플리케이션 이름	"네이버블로그검색"이라고 입력한다.
사용 API	리스트박스에서 검색을 선택한다.
비로그인 오픈 API 서비스환경	- 환경추가에서 WEB 설정을 클릭한다. - 웹서비스 URL을 입력한다(URL은 본인이 소속된 회사 및 기관의 웹사이트 주소를 입력한다).

③ Client ID와 Client Secret을 확인하고 따로 복사해둔다.

④ 아래 코드를 이용하여 블로그 검색 데이터를 수집하고 파일에 저장한다.

```
library(RCurl)
library(XML)
blogUrl <- "https://openapi.naver.com/v1/search/blog.xml"
client_id <- "S5Lb4YuqpsjM0enKxsDP"
client_secret <- "비밀번호(secret)를 여기에 입력"
```

➡ 필요한 패키지를 로딩한 후 네이버블로그검색 URL과 필요한 API 아이디와 비밀번호를 준비한다.

```
query <- URLencode(iconv("코로나", "euc-kr", "UTF-8"))
url <- paste(blogUrl,"?query=", query, "&display=10", sep="")
web <- getURL(url,httpheader = c('Content-Type' = 'application/xml',
                                 'X-Naver-Client-Id' = client_id,
                                 'X-Naver-Client-Secret' = client_secret))
```

➡ 검색어를 "UTF-8" 형식으로 만들고, getURL( ) 함수를 이용하여 웹서버에 접속해 검색결과를 받아온다.

```
doc <- htmlParse(web, encoding = "UTF-8")
contents <- getNodeSet(doc,"//description")
text <- xmlValue(contents)
write(text,file="naverblog.txt")
```

➡ 검색결과의 html 구조를 분석하고 블로그 글에 대한 설명이 있는 description 태그내용을 추출하여 "naverblog.txt" 파일에 저장한다.

10 Twitter API를 이용한 트위터 글 수집

① https://developer.twitter.com/en/portal/projects-and-apps에 접속하여 [Create App] 버튼을 눌러 본인의 API 이용 설정을 입력한다.

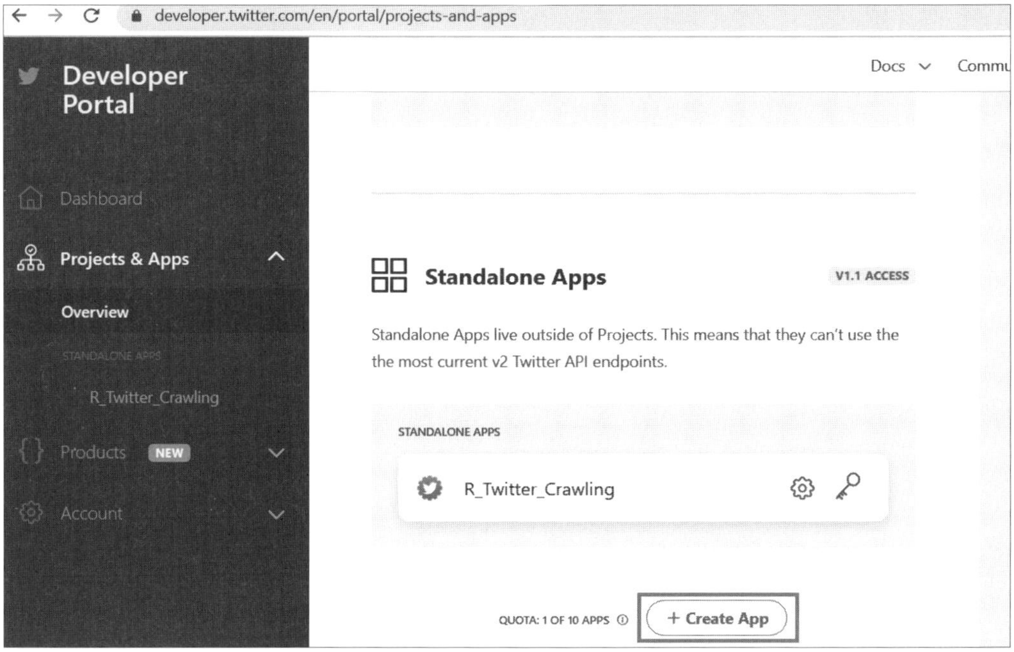

② 아래 화면에서 본인이 이용하는 API 이름을 입력하고 [Complete] 버튼을 클릭한다.

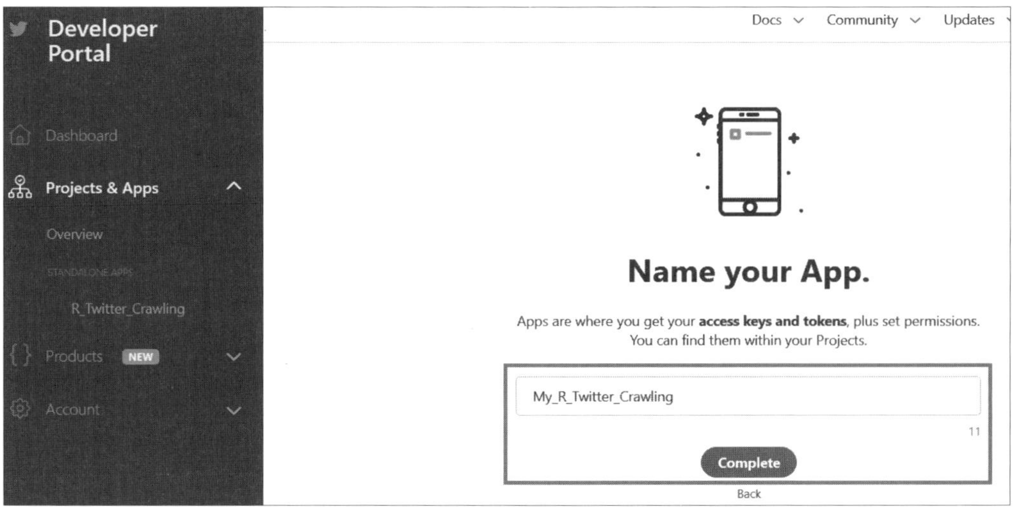

③ 아래 화면처럼 생성된 API key와 API secret key를 복사해둔 뒤 [App settings]를 클릭한다.

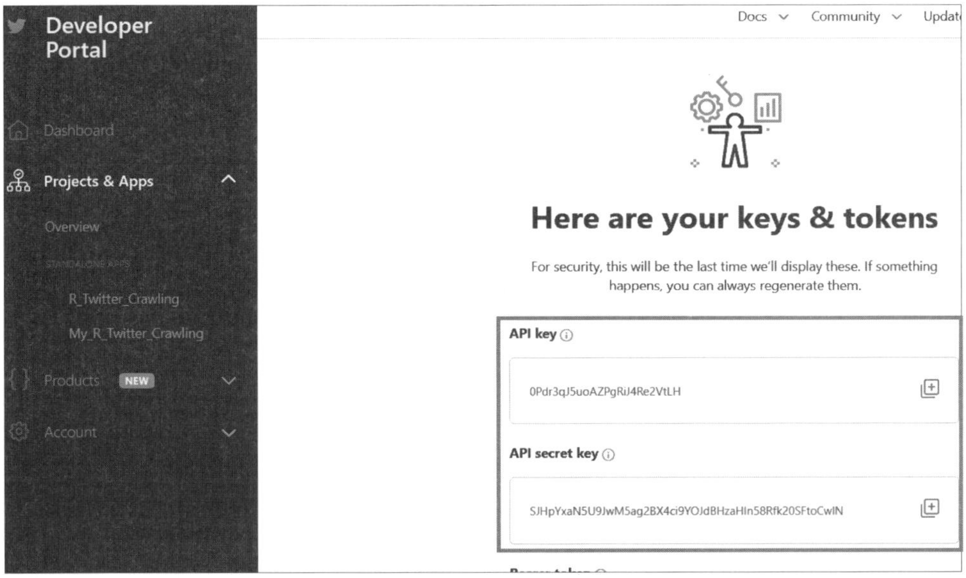

④ Keys and tokens 탭에서 Access token & secret을 생성하는 [Generate] 버튼을 클릭하고 생성된 Access token과 Access token secret을 복사해둔다.

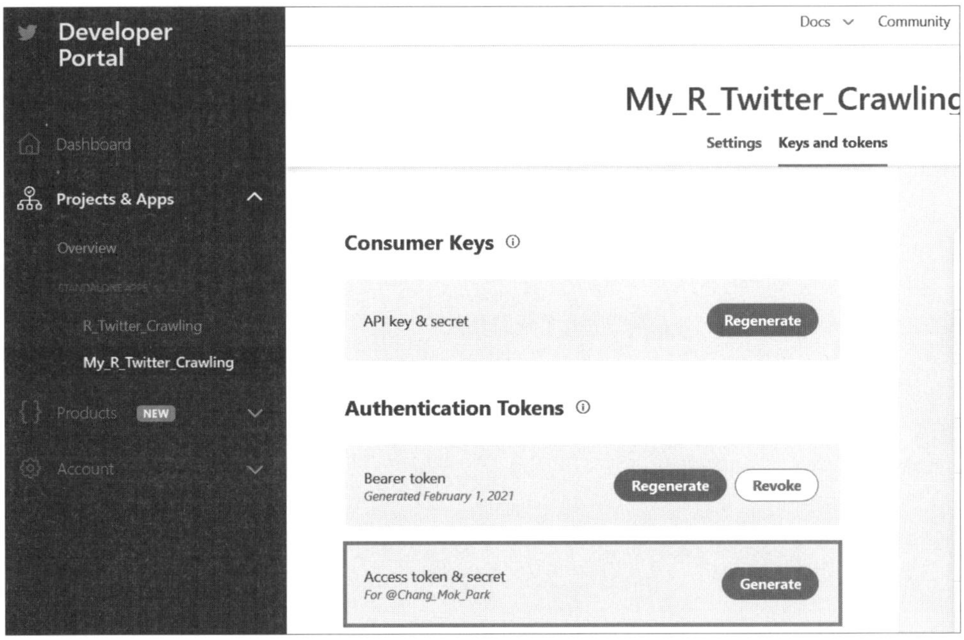

⑤ 최종적으로 다음 4가지 키가 필요하다.

Consumer API keys	API key
	API secret key
Access token key	Access token
	Access token secret

⑥ 아래 코드를 이용하여 특정 검색어로 트위터 글을 수집하고 파일에 저장한다.

```
install.packages("twitteR")
library(twitteR)
```

➡ R에서 트위터 API를 사용할 수 있는 패키지 "twitteR"을 설치하고 로딩한다.

```
apiKey <- "API Key를 여기에 입력"
apiSecret <- "API Secret을 여기에 입력"
accessToken <- "Access token을 여기에 입력"
accessTokenSecret <- "Access token secret을 여기에 입력"
```

➡ 트위터 사이트에서 발급받은 키를 문자열로 저장한다.

```
setup_twitter_oauth(apiKey,apiSecret,accessToken,accessTokenSecret)
```

➡ 트위터 API 서버와 접속한다.

```
word <- enc2utf8("겨울")
data <- searchTwitter(word,n=100,lang="ko")
```

➡ 검색할 키워드를 생성하고 searchTwitter( ) 함수를 이용하여 트위터 글을 수집한다. n은 수집할 글의 개수를 지정하는 옵션이다. lang 옵션은 언어를 지정하는 옵션이다. 생성된 data는 100개 데이터를 가진 리스트 객체다.

```
alltext <- list()
for(index in 1: length(data))
{
 text <- data[[index]]$text
 alltext <- append(alltext,text)
}
alltext <- unlist(alltext)
writeLines(alltext,"twitter.txt",sep="\n")
```

➡ 각각의 트윗 데이터에서 텍스트 데이터만 추출하여 alltext에 모으고, "twitter.txt" 파일에 저장한다.

11 Open API를 이용한 공공데이터 수집

① 공공데이터 포털(www.data.go.kr)에서 회원가입을 하고 원하는 데이터를 선택한다. 본 예제에서는 '국토교통부 아파트매매 실거래자료'를 대상으로 하였다.

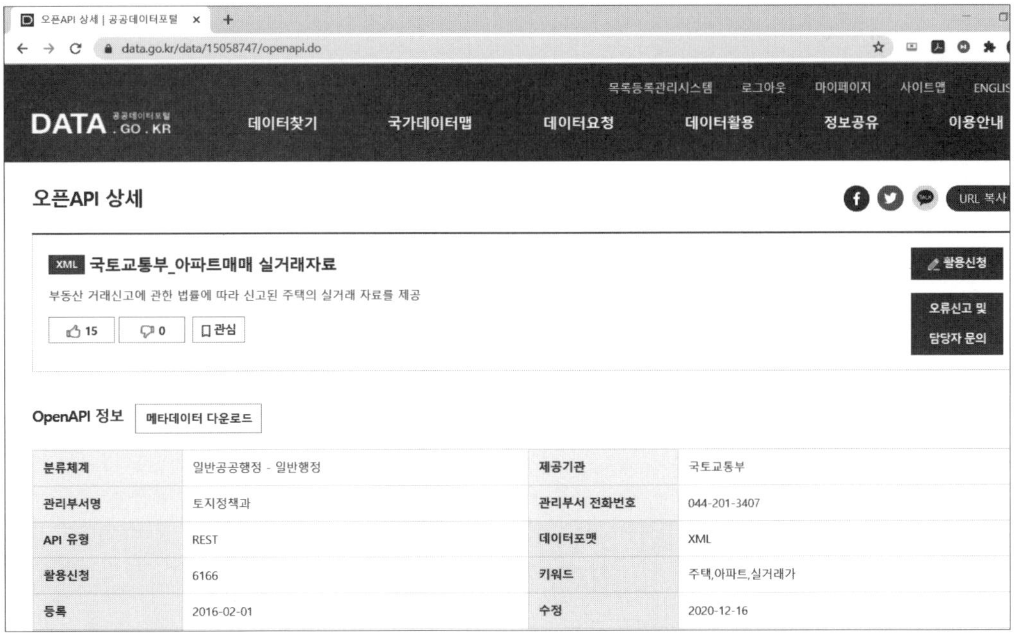

② 오른쪽 상단의 [활용신청] 버튼을 누르고 인증키를 발급받는다. 신청 후 바로 인증키가 발급된다. [상세설명] 버튼을 클릭하면 사용방법에 대한 정보를 확인할 수 있다. 데이터를 실시간으로 받아오기 위해 아래와 같은 구조의 URL을 생성하여 데이터서버에 접속하면 xml 형식의 데이터를 다운로드할 수 있다.

서비스URL + 인증키 + 조회에 필요한 옵션값

아파트실거래 자료를 받기 위해서는 아래와 같은 URL을 사용한다.

http://openapi.molit.go.kr/OpenAPI_ToolInstallPackage/service/rest/RTMSOBJSvc/getRTMSDataSvcAptTradeDev?ServiceKey=인증키&LAWD_CD=지역코드11350&DEAL_YMD=년월

③ 아래 코드를 이용하여 테이블 형태로 아파트매매 데이터를 수집하고 파일에 저장할 수 있다.

```
library(RCurl)
library(XML)
```

➡ 웹통신과 xml 분석도구를 로딩한다.

```
apiurl
<- "http://openapi.molit.go.kr/OpenAPI_ToolInstallPackage
   /service/rest/RTMSOBJSvc/getRTMSDataSvcAptTradeDev"
serviceKey <- "?ServiceKey=본인인증키를이곳에복사한다"
para <- "&LAWD_CD=11350&DEAL_YMD=201705"
apiurl <- paste(apiurl,serviceKey,para,sep="")
```

➡ 데이터 조회를 위한 URL을 생성한다.

```
①web <- getURL(apiurl,
 httpheader = c('Content-Type' = 'application/json'),.encoding="UTF-8")
②doc <- xmlParse(web)
③items <- getNodeSet(doc,'//items/item')
```

➡ ① getURL( ) 함수를 이용하여 데이터 서버에 접속하고 데이터 개체를 web 변수로 받는다.
② 데이터는 xml 형태로 되어 있으므로 구조를 분석하기 위해 xmlParse( ) 함수를 사용한다.
③ doc 구조를 보면 items 태그 안에 여러 개의 item 태그가 존재하고, 각각의 item이 거래정보를 저장하고 있다.

```
fieldnames
 <- c('거래금액','건축년도','년','법정동','아파트','월','전용면적','지번','지역코드','층')
tables <- data.frame(matrix(ncol=length(fieldnames),nrow= length(items)))
colnames(tables) <- fieldnames
```

➡ item 안은 여러 개의 필드를 나타내는 태그 구조로 되어 있다. 이러한 데이터를 테이블 형식으로 저장하기 위해서 일단 데이터프레임 형태로 빈 데이터를 생성한다.

```
for(row in 1: length(items))
{
 aRow <- 1:length(fieldnames)
 for(col in 1: length(fieldnames))
 {
  nodename <- enc2utf8(fieldnames[col])
  field <- xmlValue(getNodeSet(items[[row]],nodename))
  aRow[col] <- field
 }
 tables[row,] <- aRow
}
write.csv(tables,"openapi.txt")
```

➡ 행데이터를 추출하여 데이터프레임에 삽입하고 마지막에 "openapi.txt" 파일에 csv 형식으로 저장한다. 행에서 필드데이터를 추출하기 위해서 getNodeSet( ) 함수를 열 개수만큼 반복한다. 최종적으로 다음과 같은 형태로 파일에 저장된다.

openapi.txt - Windows 메모장

파일(F) 편집(E) 서식(O) 보기(V) 도움말(H)

```
"","거래금액","건축년도","년","법정동","아파트","월","전용면적","지번","지역코드","층"
"1","    36,300","1997","2017"," 월계동","대동","5","84.85","925","11350","5"
"2","    34,800","1986","2017"," 월계동","삼호3","5","59.22","13","11350","3"
"3","    32,500","2000","2017"," 월계동","현대","5","59.95","929","11350","22"
"4","    33,800","1998","2017"," 월계동","청백4","5","84.54","781","11350","14"
"5","    16,800","1992","2017"," 월계동","주공2","5","38.64","556","11350","15"
"6","    30,000","1987","2017"," 월계동","삼호4","5","59.49","12","11350","4"
"7","    25,800","1987","2017"," 월계동","삼호4","5","50.18","12","11350","11"
"8","    51,000","2002","2017"," 월계동","한진한화그랑빌","5","139.08","18","11350","15"
"9","    22,500","1995","2017"," 월계동","성원(사슴4)","5","49.92","322-1","11350","13"
"10","    26,800","1996","2017"," 월계동","극동","5","80.28","803-1","11350","5"
```

찾아보기

F

G

H

I

J

K

L

S

T

U

V

W

X

ㄱ

ㄷ

ㄹ

ㅁ

ㅂ

ㅅ